嘿，文艺青年

苏荼◎著

煤炭工业出版社
·北京·

图书在版编目（CIP）数据

嘿，文艺青年/苏荼著．--北京：煤炭工业出版社，2017（2020.6重印）

ISBN 978-7-5020-5764-0

Ⅰ.①嘿… Ⅱ.①苏… Ⅲ.①人生哲学—青年读物 Ⅳ.①B821-49

中国版本图书馆CIP数据核字(2017)第057381号

嘿，文艺青年

著　　者　苏　荼
责任编辑　马明仁
特约编辑　郭浩亮　汪　婷
特约监制　朱文平
封面设计　萝　卜

出版发行　煤炭工业出版社（北京市朝阳区芍药居35号　100029）
电　　话　010-84657898（总编室）
010-64018321（发行部）　010-84657880（读者服务部）
电子信箱　cciph612@126.com
网　　址　www.cciph.com.cn
印　　刷　保定市海天印务有限公司
经　　销　全国新华书店

开　　本　900mm×1280mm 1/32　**印张**　7　**字数**　170千字
版　　次　2017年5月第1版　2020年6月第2次印刷
社内编号　8627　**定价**　36.80元

目 录
CONTENTS

Chapter 1

孤独是上天给你的礼物

Chapter 2

这一刻，开始现实聊天

Chapter 3

你从未真正到达远方

Chapter 4

文艺青年这种病，得治

Chapter 5

世界那么大，我们该做些什么

Chapter 6

当我们懂事之后

Chapter 1 孤独是上天给你的礼物

一个人吃饭，一个人逛街，一个人看风景，你会感到孤独，但却用不着难过，因为人生总有那么一段路要一个人走完。

文艺这件小事儿

1

文艺是件小事儿，而且是一件与其他人无关的小事。

就像你念念不忘的初恋一样，明明大家都觉得不怎么样的一个人，但在你眼里就是什么都完美，你用不着去跟大家解释、不停地唠叨，因为说久了反而显得你矫情，而且一件事情翻来覆去地讲，就算完美如初恋也会过期。

我上大学的时候，每天一回到宿舍就找文艺片看，一部片子左一遍右一遍能看十几遍，不仅自己看，看完了还一遍遍向身边的好友推荐。

好友不甘示弱，也找了一部片子推荐回来。

结果证明好友推荐的片子比较有趣。

至于我推荐给好友的片子，毕业后有一次我问他到底有没有看过，他直截了当地说没有。

想想也释然，那些又长又闷的文艺片我自己看的时候都差点睡着，台词经典有什么用，比不上一个恶俗的笑料提神。

那时候太固执，用自己的眼光去衡量别人，把对自己的要求蛮横地强加在别人身上。

其实，你喜欢穿脏球鞋是你自己的事情，何必不停标榜自己的品位，你觉得这样才舒服，也许在别人看来是你太懒。

你愿意每天花大把的时间看小说也是你自己的事情，你觉得书里写尽了悲欢离合人情冷暖，也许在别人眼里那都是作者为了骗钱编出来的鬼把戏。

至于你觉得那些枯燥漫长的文艺片里的台词炫酷而又意境深远更是与他人无关，也许人家就是觉得《古惑仔》《无间道》更刺激、更烧脑呢？

很多事情都是这样的，你觉得好的东西，也许对别人来说一文不值。所以别再强行“安利”了，你觉得好的东西就放在自己心里默默喜欢就好，没必要让其他人也觉得好。

你文艺是你自己的事情，其他人或许就是想安安分分地做个普通青年呢！

你得允许别人有自己的追求、自己的生活，就算你看了很多书，学会了很多道理，你也无权成为别人的人生导师。

一人一个活法。别有事没事把你心里那盆鸡汤端出来给别人喝，也许人家更喜欢吃鸡肉。

高中时有个朋友，一开始是因为下课了在一起瞎胡闹才玩到一起的，用现在流行的话来说，就是在一起污的时间久了感情就深了，然后我就开始深明大义地为他的未来担忧。

因为他的成绩在班上比较靠后，所以后来每次和他在一起玩，都是劝他要好好学习，不然以后怎么办之类的话。估计后来说的次数多他觉得烦了，和我玩的次数就少了。倒不是说关系不好了，关系还在，但就是不能像以前一样一起污一起笑了。

过了很久才发现别人还是原来的别人，是我换了配方变了味道。

2

大学毕业之后，心血来潮地联系到之前很久不联系的初中同学，一开始也是互相吹捧、一起污，时间久了就开始跟人家唠叨自己心里的想法，第一次说的时候权当污着污着突然正经了一回，后来又说了几次，人家受不了了，直接回复我说：有想法是好事，但是咱能别老说吗？说多了就不值钱了。

于是我就不说，每天还是两个人一起污，说些无聊但是有趣的事情。

再后来，我去支教，支教途中和出版社签了自己人生中的第一本书，同时有三篇稿子在签约的杂志过初审，他突然又关心起来，经常会问我进度如何。

这当然不是虚伪，只是人家觉得到了关心你的时候了。

凡事都是一样的，必然是埋头苦干的时候多，只有成功之后才能接受鲜花和赞美。

就连我自己的父母都是如此，他们也是在我苦苦坚持了五年赚到第一笔稿费之后，才觉得喜欢写小说也不是什么坏事，在此之前他们每一次提起这件事都是劝我赶紧放弃。

即使现在，大多数时间里他们也不知道我在干什么。偶尔给家里打电话，时间久了，他们就会以各种理由要求挂断，我知道他们是觉得我一个人在外面生活不容易，想帮我省点话费。但是，每次我打电话的时候都是想找人聊聊，但相比精神生活，父母更在意的是我的物质生活，他们才不管我心里藏着什么小心思，他们只是希望我能找一份好工作，有一个看得见的未来，将来能生活得体面点。

3

我自己刚毕业的时候因为没钱问朋友借了几千块钱，后来为还钱给他们，我什么活都干，一边到处做兼职一边投简历找工作，好几个月不看书，不写字，后来一度差点放弃写小说。

所以文艺这件事儿真的不是很重要，如果要排名的话，最起码要排到吃喝拉撒睡后面。

以前认识一个姑娘，长发飘飘，平时拍照也是各种小清新的范儿，上课的时候还老爱拿着一本小说去教室，跟同学聚会的时候遇见过她几次，也是张口村上春树闭口海明威的，而且一直强调自己很爱写小说，为此还加入了学校的文学社。

我寝室隔壁住着一哥们儿，是这姑娘的老乡，有一次和他聊起这姑娘，那个哥们儿拍着大腿告诉我，这姑娘的文艺也就自己嘴上说说而已，从他那儿借了一本书，两个月过去了，一页都没看呢！

我说人家不是加入文学社了吗？

这哥们儿说，她入的社团多了去了，从来没干过什么正经事，倒是每次组织出去玩都少不了她。至于文艺范儿的照片，学校里这么多树，随便挑个阳光充足的日子往树下一站，想拍多少张拍多少张。

我听了之后觉得挺假的，但是人家姑娘自己不介意啊！最近不是流行重要的事情说三遍吗？也许并不是为了要让别人相信，而是为了要让自己相信呢，如果你自己都不相信，凭什么让别人相信。

但这都是自欺欺人，就像充满气的气球，华而不实，总有一天会被戳破的。

真正的文艺是渗透进骨子里的一种气质，看不见又摸不着，但是不需要声张，因为它一直都在。

你不需要向每一个过路人都展示一下，既耽误人赶路，同时又浪费自己的时间。

等你茶余饭后、酒足饭饱，坐下来与人闲聊的时候，自然出口成章，头头是道，并且令人信服。

毕竟腹有诗书气自华嘛。

所谓“情调”

1

所谓“情调”，绝对是文艺青年们在花父母血汗钱的时候意淫出来的一种现世安稳、岁月静好的假象。

什么LOMO相机、田园风光、棉布衬衫或者裙子、帆布鞋，在火车上一定要看安妮宝贝或者村上春树，又或者夹着一本厚厚的《圣经》去咖啡店，塞着耳机走过每一个街角。

这就是文艺青年们心中的“情调”。

他们通常称自己为写字的人，虽然已经不是少男少女，但也绝不承认自己是成年人，还自以为机智地在性别后面加上一个“子”字，认为这样就能青春永驻。

想想都觉得可笑，一群涉世未深的年轻人，不过是看了几本书、听了几首歌、跟着几个内心偏执的作者学了几堂自以为fashion的穿搭课，就以为自己了解了世界。

品了几口咖啡之后，就敢口出狂言：其实生活很苦的，就像这杯咖啡一样。

生活是很苦，但跟你喝的咖啡是不一样的苦法。

咖啡的苦，是你自己花钱品尝，用来装腔作势、故作姿态的。

而生活的苦，是不管你是否愿意，都只能咬紧牙关，默默承受的。

于无声处，才是真苦。

2

要是生活都像那杯咖啡一样有多好，最起码我们可以选择不点或者加足够多的糖。

我刚工作的时候，在开发区找了一份工作，为了方便上下班，我搬出了和同学合租的三室一厅，住到开发区所在的那个小镇上。我工作的地方在镇上，我住的地方在几百米之外的乡下。不为别的，因为房租便宜。我那时候不仅身无分文，而且还欠了一屁股债。我租的房子一个月房租一百五十块，水费十块，电费抄表，总之加起来一共不超过两百块。

这样的住房条件你能想象吗?

一间窄小的大概十平方米左右的屋子里放着一张双人床，一个立柜，一张简易的四条腿的桌子，没有椅子或者凳子，除此之外，还有房顶上吊着的一盏昏黄的灯泡。洗脸刷牙要出去，外面有一个公用的水龙头。洗澡也要到外面的那个狭窄的公共浴室里去洗，开水要自己提前烧好拎过去。每天晚上关灯之后要么听到白天睡够了晚上开始活动的邻居屋子里传出来的电视声，要么听老鼠在顶棚上跑来跑去开运动会。有时候老鼠也会心血来潮顺着顶棚上的窟窿爬下来参观我的房间，有好几次我发现放在桌子上的塑料袋被咬出了小口子。

有一次我关灯之后迷迷糊糊地刚要睡着，就听见柜子后面发出扑棱扑棱的声音，我一开灯声音就停了，一关灯就又开始响。于是我穿上拖鞋去踢柜子，接着就听见扑棱扑棱的声音一路向上，最后我看到顶棚的窟窿上还露在外面一截又黑又粗的老鼠尾巴，看得人直反胃。

从那天以后，我每天晚上睡觉都不敢张嘴，生怕老鼠爬下来钻进嘴巴里。

最难过的还是洗衣服，冬天的时候衣服吸了水变得又大又重，好不容易洗完了，两只手冻得像红萝卜似的，夏天的时候就要忍受蚊子的叮咬，南方的蚊子又多又大，常常是搓几下衣服就要朝身上发痒的地方拍几下，因为蚊子正趴在身上吸血呢！

等衣服洗完了，自己简直就像是从沙场上浴血而归，身上都是自己的血，地上满是蚊子士兵的尸体。

这地方只有一个好处：就是有文艺青年们向往的田园风光，我每天上班的时候都要穿过一大片翠绿的稻田，晚上回来的时候还会有虫鸣和蛙声伴奏。

但是总会在某个早晨看见路上有一条横穿马路被压扁的蛇，每次看见的时候总是庆幸，幸亏不是我下班的时候踩到它，而是汽车轮子碾压了它。

汽车轮子碾压，死的是它，如果我不小心踩到它，除非我有幸能够踩到七寸，否则一定是我倒霉。

你看，原来稻田周围隐藏着这么多危机。

根本就不是文青们每天在朋友圈和空间里发自拍的样子。

他们相机里的自拍永远都是挽起的裤脚、唯美的余晖，以及他们身后一望无际的碧绿的麦田。我只是想问一句：难道你们真的不怕蚊虫叮咬，或者身后冷不防爬出来一条蛇吗？

就算没有这些，身后突然蹿出来一只癞蛤蟆也够吓人了吧！

3

文艺青年总是说城市生活很枯燥，没情调，受够了污染视神经的商业化气息，想要去没有广告、没有噪音，睁眼就是青山绿水，出门就有鸟语花香的地方。

这样的地方也不是没有。

我支教的时候就在这样一个地方。那是一个纯天然无污染的小山村，村子里的人们善良而且淳朴。我刚开始的时候也深深地为这些美好的事物着迷，但是很快，我就不这么想了。

有多快呢？

不到一个星期。

最差的是饮食方面，因为那里地处西北，人们习惯于吃面条。我当然也能吃面条，但是我没办法一天三顿饭都吃面条。后来校长从学校食堂里拿了几斤大米给我，让我做米饭吃，但是我没有电饭锅，结果还是只能每天煮面吃。吃了几天面条之后，我去学校门口的小卖部买了几根火腿肠，吃到嘴的时候我觉得这简直是我吃过的最好吃的火腿肠，比肉还好吃。

周末的时候我抽空出去买了个电饭锅，回来自己做饭吃。

饭做上了，菜又没了着落，第四堂课没课的时候我会自己做个土豆片或者咸菜炒土豆丝，但更多的时候都是第四堂有课，只能匆匆忙忙地在电饭锅上层的小蒸笼上放一碗鸡蛋羹，下课之后凑合吃一口就算了。偶尔去学生家里家访，有热情的学生家长留我吃饭，但其实他们的生活水平比我的生活水平还要差，很多时候都是一家人坐在一起吃面疙瘩，没有菜，就放点盐进去，连酱油都没有。

这样长期没有营养地过下来，不到两个月我就瘦了很多，体重基本上是一星期一个变化，一直在下降。

但最可笑的是，在外面的朋友总是问我：那边的空气应该不错吧？

这边的空气是不错，但是我在山里的时候真的没空去注意这些。因为这里的物质条件太差了，差到让我害怕，我已经没心情去注意那些精神层面的东西了。

空气真的很好又怎么样？

出门就是鸟语花香又怎么样？

要是伙食的油水能多一点，我情愿去吸雾霾，在都市里每天朝九晚五地上下班，挤公交，做单调而又重复的工作。

人都是讨厌自己拥有的，想要得到那些不曾拥有的事物。

因为你所拥有的东西，时间长了，它的好处都变成了理所当然的，而坏处却会越发地凸显出来，让人忍不住心生厌倦，想要离开。

那些不曾拥有的，我们只看到了它的好处，至于它的坏处，要等我们得到之后才会发觉。

情调也就是这么回事，我们花着父母的钱，不愁吃不愁穿，自然以为四海之内皆我妈。可惜事实不是这个样子的。

但愿每天做梦的文艺青年们能早日清醒过来，因为有时候路一旦走错了就很难回头了。

听话，和王导说再见

1

用拒绝制造孤独，用孤独突出个体的感受，然后一个人穿过一片金灿灿的沙漠，走进一个未知的角落。

作为文艺教父，王家卫很擅长用这种方式助长文艺青年胸腔里那些烧得正旺但又无的放矢的小情绪。当这种情绪达到顶峰，世界就会令人感到绝望。

但是很多时候我们都忘了，绝望是由于我们钻牛角尖造成的。

电影会制造出一种错觉，让我们误以为只要走进导演精心布置的世界里就可以不食人间烟火。

很大一部分原因要归功于电影主角的代入感，看过《旺角卡门》后你会觉得自己是刘德华；看过《阿飞正传》后你又觉得自己是张国荣；看过《花样年华》后你开始想要一个张曼玉似的女朋友；看过《东邪西毒》后你觉得自己是欧阳锋，你要找到属于自己的那片沙漠；看过《2046》，你一定觉得世界上又多了一座城市。

因为主角身上总会有些令我们向往的长处，他们或义气或叛逆或失意，就连卑鄙——都卑鄙得充满诗意。

他们身上的这些长处足以令我们忽略掉我们并不是他们，甚至让我们觉得自己在人生的某一刻就是他们。

看到这些精神偶像的时候，我们都忘记了一条规律：人都讨厌和自己同类型的人，越是向往成为的人，恰恰证明了你们之间的距离有多远。

2

虽然王导的片子荼毒了很大一票文艺青年，但是有一句话他说得没错，在《东邪西毒》里张国荣饰演的欧阳锋对张学友饰演的洪七公说：你坐在那里既不动，也不讲话，看起来又不像生病，我猜你一定是饿了。我有一份工作，你考虑下要不要做，不过要快哦，你知道肚子很快就会饿的。

那副卑鄙的表情简直让人想抽他，但是没有人会动手，因为我们都知道他说的是真的。

那一刻，他代表的是生活。

肚子很快就会饿的，这是每个人生命里最大的桎梏，我们要为了一日三餐日复一日、朝九晚五地去工作。

工作这东西，最能消磨人的意志，不论是什么样的工作，做上三个月都会索然无味，但是因为要吃饭，只得继续做下去。

这种单调重复而又匮乏的生活加剧了我们精神层面的需求，我们需要电影里梁朝伟和张曼玉上楼下楼的邂逅；想要像阿飞一样离去，坚决不回头；想要像《东邪西毒》里的张国荣一样，守着一片荒无人烟的沙漠做杀手经纪人。

如果说电影里真的有一个角色是导演为我们量身定做的话，一定是那些不停地重复同一件事情的角色。

比如，《阿飞正传》里的和张国荣分手后走出情伤的张曼玉，大半夜还要在空地上摆酒瓶。

这才是生活原本的样子，电影里的美好属于意淫，或者说受限于各种条件之下，就像要看彩虹就要等下过雨一样。

在现实里，想要宿醉我们通常要等到周末；就算前一天和女朋友分手，第二天也得忍着难过去上班；兄弟犯事了，我们首先想到的不是开枪打死抓他的警察，而是想：这事和我没关系吧？

这才是生活的本质，没有那么多一往情深，没有那么多义薄云天，更没有那么多坚持到底。

所有令我们难过的事情都叫伤口，我们会一点点地等着它愈合，然后小心翼翼地继续过平淡的生活。

3

我朋友青松刚走上文青道路的时候，曾经半夜在网吧看《重庆森林》，破碎的镜头以及沉闷的镜头让他昏昏欲睡，半睡半醒间听着王家卫那些堪称经典的台词。

此后的几年时间，青松对王导的崇敬一发不可收拾，看遍了王导的所有电影，每次去网吧包夜，到了后半夜都会看见他的电脑屏幕上出现一片金黄色的沙漠。

据说他看了不下三十遍《东邪西毒》，还把王家卫的台词在签名档用了个遍。最丧心病狂的是，他还模仿《东邪西毒》写过一部同人小说。

可以说，王家卫的电影曾经一度构成了青松的整个精神世界，看过王家卫的电影，其他的电影就可以不用看了。

这种状况直到大学毕业后才有所改观，突如其来的社会生活让他很不适应，直到这时候青松公子才发现，原来文艺片都是在你无知并且又闲得蛋疼的情况下才会看的。

如果你一个月只拿两千块的工资，每天上班都要一边想着这个月房租的着落一边要和喜欢找茬的客户纠缠，还要在公司里忍气吞声看老板的脸色，这个时候你绝对没有心情去欣赏王家卫的电影。你满脑子想的肯定都是什么时候才能摆脱这种狗都不吃的生活。

到这个时候你才会发现电影的另一层奥义：导演制造出你想要的环境，演员来成就你梦中的英雄，最后呈现出一个你想要的故事。

这是平淡无奇的生活里的一支兴奋剂，告诉你世界上还有另一种生活。但永远不会告诉你怎样过上这种生活，因为答案无人知晓。

看到一座山，就想知道山的另一面是什么，过去了也许会觉得这边更好。

当我们还年轻，我们看到一座山，总是想看到山的另一边有什么，如果有一天我们觉得这边更好，这说明我们长大了，不再矫情了。

翻过这座山的意义是发现我们在这座山上落下了什么东西，如果我们不翻过去，我们也只能隔山兴叹，而且永远也不会发现这座山比那座山更好。

4

每个文青都会经历这个阶段，看到王导的片子，以为内容分毫不差地讲述了整个世界，然而当他真正地去看过世界后，就会发现原来王导电影都只是世界的一部分。这个世界是由文艺片、爱情片、警匪片、战争片以及其他所有错综复杂的电影组成的。

也许你现在还是义无反顾地把自己的频率调在王导的频道上，接受那些斯文中透着颓废的小情绪，但是你一定要知道，那只是你的个人意愿，跟这个世界没有一毛钱关系。

另外，好心提醒一句，如果你是一个文艺青年，最好不要去人多的地方，因为去了之后你会发现自己和其他人并没有什么不同。

所以，听话，和王导说再见！

孤独是上天给你的礼物

1

对于任何人来说，孤独都是一件难以忍受的事情。

对于一些刚刚修炼成的文艺青年来说，孤独简直就是一剂毒药，能活生生地把他们毒成三级残废。

明明阅过万卷书，当然很多人其实没有达到这个数量，但是跟那些只知道火影和日漫的同龄人比起来已经算是海量阅读了。既然如此，为什么不做一个演说家，到处宣扬一些似是而非的大道理，收获别人的大把的称赞，用来满足自己的虚荣心呢？

明明有着超人的品位，虽然不能欣赏昏昏欲睡的音乐会，但是在KTV里随手也能点出邓丽君王菲的靡靡之音来体现自己的不俗，有什么理由不去呢，张一张嘴，唱一句“还记得当天旅馆的门牌”，格调比身旁那些只知道扯着嗓子吼“苍茫的天涯是我的爱”的傻缺高了几层楼，多么遗世独立！

明明可以自己出口成章，三言两语就能把身边的小妹子哄得巧笑倩兮，花前月下时也能吟出几句生僻的句子引得妹子狂呼“‘欧巴’

好有才华啊”，有什么理由不去呢！

之前辛辛苦苦修炼出来的“格调”不就是为了此时此刻能装一把吗？

我见过很多这样的人，一些自以为有一点小见识、小才情就到处装×的人，言必及村上春树，眼必观岩井俊二，手必拿安妮宝贝，好像生怕别人不知道他胸腔里跳动着一颗文艺的心脏似的。

如果你也是这样的人，我现在告诉你，这样真的很恶心。

大学时有那么一段时间为了考试，每天早起去图书馆复习，同寝室有个哥们儿不能早起，所以经常是我早晨起来去占座位，等午时三刻一过，那哥们儿才慢悠悠地晃过来。有一天早晨他来的时候气急败坏的，我就问他怎么了。

他说刚刚去吃早饭的时候和别人吵了一架。

我问他为什么？

他说本来都好好的，结果前面一个男的为了跟他身边的妹子装×，不停地说自己看过谁谁的书，谁谁的书写得怎么样，去过些什么什么地方，那地方怎么怎么样，还以此刻意凸显自己很有品位，标准的文艺青年！

说得那姑娘脸都白了，但又不好发作，只能一个劲儿地点头附和。

我那朋友坐在后面被恶心得连吃馄饨的心情都没了，就用脚踢那男的的凳子，让他安静一下。

结果那男的挑衅道：你管老子？

我朋友一听火气就上来了，直接上去踹了他一脚，说：有本事再说一句我听听！

那男的当时就蔫了，放下一大堆晚上约架的话，领着那妹子走了。

虽然我朋友打人不对，但是这种事真的挺恶心的，你一大早心情好好的下楼吃饭，结果旁边一个人不停地在装×，对食欲的影响堪比饭里吃出一条虫子。更何况我朋友还是个学霸级的文艺青年，英语六级一刷就过，还自学了日语，外国名著属于可以直接看原文书的人。你说他看到一个半吊子文青在那装×他能受得了！

现在文艺青年也算不上一个好词了，人们一提起文青，脑子里最先出现的两个字就是：装×！

都让那些看了几本书听了几首歌就出来装×的半吊子给闹腾的。凡事都挂在嘴边上，唯恐天下不乱，任你再高的格调也得变成人人嘲笑的祥林嫂。

2

一个真正有见识、有理想的文艺青年，应该学会享受孤独。

他们会在深夜为了看书而拒绝室友提出的去网吧包夜开黑的建议；他们会在周末早早起床去湖边漫步，而不是没课就不起床，睡到日上三竿；他们会在假期码字或者旅行或者为旅行而去打工存钱，而不是没日没夜地在宿舍炸金花掼蛋。

纵然身边太多的事情都比看书、早起、码字和打工有趣得多，可是为了心底的那点小想法，为了早日实现它，你不得不放弃那些有乐子的事情，辛辛苦苦地看书，勤勤恳恳地码字，夜以继日地提升自己。

这是一个缓慢积累的过程，而且一路上很少有人与你同行，一路走下来，面对最多的就是孤独。

刚上大学的时候，仅仅是通过一次辩论赛我就认识了两个文艺青年，而且都是水准颇高，聊两句就能聊出深度的那种。但是随着时间的推移，两位文青最后都放弃了。也没有什么特殊的原因，反正这条路走着走着就走不下去了。

身边缺少同伴是一件很可怕的事情，因为很多时候你也不知道自己走的路是对是错。那个时候身边很多人包括我父母都劝我放弃，他们觉得你文艺一点多看点书没什么，但是你要是继续走下去，说要自己写书、出书，这简直就是痴人说梦。

而我那个时候写作方面也没什么成绩，只是想要一直走下去，但是走得又不顺利，加上不被人理解，算得上是腹背受敌，难受得很，辛酸得很，孤独得很。

也曾经想过就这样算了，像其他人一样，做个务实的人，大学毕业看什么能赚钱就去做什么，同样是在社会上混口饭吃，大家都是为了生活，没什么大不了的。

可是每次这样想过之后，我总是想：能不能再坚持一下，现在还没到绝望的时候，更何况，这条路我已经走了这么远，放弃了重新再选一条路还要从头开始。

就是靠着这样的念头，我看完了一本又一本的书，熬过了一次又一次的瓶颈，写出一篇又一篇的新故事，最后终于等到第一次发稿，等到杂志社寄过来的合同，等到出版社的第一个选题。

现在时常想，如果那时候意志不坚定，受不了那样孤独的环境而放弃了，又怎么会有今天的结果。但也恰恰是那时的孤独锤炼了我，使我更快地成长，更加努力地前进，内心更加坚定地顺着这条路一直走了下来。

所以，此时此刻，我要感谢孤独。

一个文艺青年，如果你能忍受孤独，坚持不懈地走自己的路，你一定不仅仅是一个文艺青年，你将会获得更多。反之，如果你无法忍受孤独，做事情半途而废，那么很抱歉，一路走下来，到最后，你连个文艺青年都算不上。

论小清新的起源

1

小清新起源于英国独立流行乐，在日本形成一种文化现象，在中国得到极大发展，并迅速覆盖文学、穿着、设计等各个领域。

而小资小清新则是女文青和小清新的变种，遇到他们很容易就能分辨出来，因为他们一张口就会暴露自己的小清新属性。

之前在网络上搜罗了一下，大部分小清新都会做这样的自我介绍：我是×小×。×月生。××星座。喜欢棉布裙子、帆布鞋。素颜。安静。执拗。暴戾。乖僻。执着于文字、绘画、电影。热衷于独自旅行。

这种超然物外的自我介绍一度让我没话接，小清新的人都这么牛×，世界上牛×的事都让他们做了，世界上所有的坏脾气他们都有了，而且他们还特坦然地告诉你，好像你必须谅解他们一样。

根据网络上的定义，小清新们以女生居多，当然这不代表其中没有男生，我（性别：男）本人学生时代也曾做过一段时间的小清新，但是真的不好意思拎出来跟同学们讲，好好一大老爷们儿成小清新了，那吃喝玩乐怎么办？

小清新大多爱上豆瓣，因为豆瓣就是在一个很“小清新”的环境中诞生的，2005年，穿着帆布鞋的“阿北”（豆瓣上这样称呼他）在星巴克写下了豆瓣最初的几行代码，他在豆瓣的自我介绍是：我不但喜欢读书、旅行和音乐电影，还曾经是一个乐此不疲的实践者。

如此清奇的自我介绍，豆瓣怎么能不成为小清新们扎堆的地方。

据不完全统计，65%的小清新曾经喜欢或者正在痴迷安妮宝贝或者郭敬明，以及郭敬明的周边写手们，剩下的35%则痴迷于杜拉斯或者村上春树还有张爱玲。

这不是最大的问题，问题是对于这类作家的作品，他们知道书名或者简介，也就是说小清新们并不了解他们和他们的作品，却需要靠他们装×，以他们作为小清新的标志。

2

95%的小清新喜欢岩井俊二，会收藏《关于莉莉周的一切》和《四月物语》，同时又追逐台湾的青春片以及同志片，比如《盛夏光年》《蓝色大门》等。

其实这些电影的内容对于小清新来说或许并不重要，重要的是电影带来的质感，这些电影的场景一般都是蓝天啊，白云啊，一望无际的草地啊，而且以长镜头为标志，极其符合小清新们的审美。

一般来讲，小清新们喜欢听陈绮贞、范晓萱或者凯伦·安的歌，并且极其讨厌商业化，他们认为只有独立厂牌做出来的音乐才是精品，才有灵魂，才配得上他们的品位，并且以此标榜自己的不俗。

其实，喜欢一件事情并不会成为被别人打击和诟病的理由，一个群体之所以被打击是因为招摇和炫耀。小清新每每标榜自己喜欢某些事物，总是以一种高人一等的姿态表现出来，好像自己的品位真的比其他人高级了一些似的。而且小清新内部也有严重的论资排辈的风气，先喜欢陈绮贞的就是元老，后喜欢的就是新丁，新丁就要无条件地听元老装×兮兮地说：我可是喜欢她十年之久了呢！

这就是所谓的小清新，他们活生生地制造出一套小清新模板，完美地复制出越来越多的小清新。他们把张爱玲、村上春树、单反、帆布鞋都当成小清新的符号，刻意标榜，这也使得那些鲜活的作家、平常的物件都丧失了生命，沦为工具。从某种程度上说，小清新才是“重口味”。就是这种模式化，毁掉了原本的“清新”二字。其实清新美好的东西每个人都喜欢，并不是小清新的专利。

3

甚至有很多人觉得，现在网络上那些反小清新的人才是真正的小清新。就连豆瓣这么清新的地方都出现了一个“金链汉子”小组。金链汉子是什么？是钱，是暴发户。金链汉子们言之凿凿：所有小清新都逃不过金链汉子。

说白了就是小清新们最后无论如何都会向金钱低头，这也从侧面证明所谓的“小清新”只是小清新们用来将自己与他人区分开来的标志，并不是他们真正的信仰，真正的信仰怎么可能被区区的几个金链汉子收买？

其实，人们反对的并不是真正的骨子里是小清新的人，而是那些伪小清新，因为他们并不是真的小清新，只不过是假装迷恋小清新的事物而以此显示自己的不俗。

而真正的小清新们都在默默地做自己喜欢做的事，看自己喜欢看的书，听自己喜欢听的音乐。大家都觉得台湾女星桂纶镁是小清新的典范，可是桂纶镁却从没以此来标榜过自己，而且近年来也力求转型。可见桂纶镁之所以小清新，是胜在个人气质符合了小清新们的口味，至于人家自己内心里到底是不是小清新，这里不妄加评论。

而且这些伪小清新们也是毁人不倦，喜欢就喜欢嘛，到处张扬就不对了。相信很多人都有这种感觉，某些事物被小清新喜欢并拿来自我标榜之后，其他人再去看这件事物，怎么看怎么都觉得怪怪的。

作家叶三曾经说："小资小清新至少毁了两个牛掰作家，一个村上春树，一个张爱玲。每次想到这个，杀心四起。小资小清新至少毁了两个家居用品店，一个宜家，一个无印良品。每次想到这个，老怀大慰。小资小清新至少毁了两位女歌手，一个陈绮贞，一个曹方。每次想到这个，不屑一顾。……小资小清新至少毁了两件物什，一个单反，一个帆布鞋，每次想到这个，幸灾乐祸。……小资小清新至少毁了两个咖啡甜品店，一个星巴克，一个哈根达斯，每次想到这个，欲哭无泪。"

由此可见，在现在的语境里，小清新几乎等于喜欢上述事物的人，以至于那些真正热衷于这些"清新"事物的人反倒不好意思说自己喜欢了，这也就是叶三"杀心四起"的原因，也是大家"杀心四起"的原因。

现在好了，我每次看到这些东西都会莫名其妙地想要避开。

该死的"小清新"！

眼前的苟且以及诗和远方的田野

1

“生活不止眼前的苟且，还有诗和远方的田野。”

不管你是不是文艺青年，相信你都听过这句话。这句话里有情怀、有情调、有理想，同时还远离都市、商业、竞争这些高压名词，所以人人都趋之若鹜。

那么，诗和远方的田野到底是什么？

其实，诗和远方的田野不过是一剂精神鸦片，配上合适的作料，熬成一碗浓浓的心灵鸡汤。

而且生活也不止眼前的苟且，还有以后的苟且，就算离开这里，真的去了远方的田野，对不起，在远方的田野里你一样要苟且。只要你活着，肩上挑着属于你的担子，你就要一直苟且下去。

当我们在城市中，我们需要早起上班，出门要挤公交，到公司里要讨好领导，回到家要么应付房东要么为房贷奔命，有了孩子之后会更可怕——从吃什么奶粉到穿什么衣服再到上什么学校，这些统统压得我们喘不过气来，让我们顾不上自己，我们甚至在机械化的都市生活中渐渐失去自我。在很多人眼里这不仅仅是苟且，而且还苟且得不怎么样。

诗和远方的田野就不一样了，听起来就十足的清新，十足的自在，让人心神为之一荡，然后整个人放松下来。

但真的是这样吗？

并不是这样。你之所以会觉得诗和远方的田野很美好，无非是因为那是你脱离原本属于你的生活之后进入的一种状态，一种局外人的状态。

对，就是局外人！

那是一种放松的状态，因为眼前的一切与你无关，你到达远方，看见田野，诗兴大发，完全是因为这些东西与你无关。

你所到达的远方，因为靠金钱替代了一切，所以你看见的都是别人的苟且！

你看到别人的苟且自然诗兴大发，因为你是局外人，你站在一片陌生的土地上，来寻找久违的自己。

一个人丢了东西，不在原地寻找，却偏偏要到一个自己从来没有去过的地方寻找，这是一件多么可笑的事情。

可是很多人都会这样做，他们要靠去过远方获得的短暂的清醒和愉悦来继续原本属于自己的苟且。而且这是一个圆圈，需要不断地循环，否则没办法生活！

2

我曾不远千里地跑到西北去支教，算是去过了远方，但是由于停留的时间过于长久，诗和远方的田野随着时间的推移而逐渐消失，最终沦为在远方的苟且。

在那里住下之后，我一样要为生活而忙碌，但是由于收入变少，不得不降低生活标准，当然，那地方也没什么好吃和好用的，每周出去买一次菜，要徒步从学校走到几公里以外的集市去，买并不怎么新鲜的蔬菜带回学校里吃一个星期，然后下周再去买。

一切不合理的现象在我所在的那个“远方”都是合理的，因为有人正在这么做，你没法反驳。同来的几个人里面只有一个姑娘觉得这是真正的诗和远方，因为每次出去吃饭都是男生负责埋单，她只负责吃；她也从没去过车站的那个可恶的收费厕所，因为她所在的学校的校长每周都会去接她。

所以她看到的都是这里的好处，或者说是那些她想看见的远方的田野，是那些能激起她诗性的东西。

3

支教中途有一次为了参加考试，我曾经短暂地离开过那里，那次带给我的冲击特别大。我回到原本属于自己的生活里，简直如鱼得水，开心得不得了。

想吃什么打电话叫外卖就可以了，想去哪里坐公交就可以了，不坐公交打的也行，外面不管多晚都有东西可以吃，而且跟我教书的地方比起来简直是物美价廉。

我当时有了一种新的想法，在城市里苟活，最起码你所有的想法都能得到满足，只要你足够努力，你想要的东西你都能够靠自己的双手去获取。

考试结束之后，我甚至不想再回去了。那里是很清静，出门就是田野，连天空都要比城市里的蓝一些，可是我知道我对这些东西的渴求真的已经没有那么强烈。

与都市的商业竞争相比，我更加害怕贫穷和闭塞，在那里有些东西根本就没有，你就算肯付出再大的代价也没法获得。更可怕的是，有些时候当地人根本就不知道世界上还有这么个东西存在。

也就是在这个时候，我才发现原来我一直想要逃离的眼前的苟且是无处不在的，我千辛万苦地来到远方，才发现，原来远方的苟且更加艰难。

当你在大城市里抱怨老板每天压榨你的剩余价值时，请你想一下远方的那种更加艰难的付出与收获的不对等，他们辛辛苦苦地工作一天，甚至还不能养活一家老小，要靠政府和外界的接济才能度日。

当你出门挤公交的时候或者下班顺路去超市买菜的时候，请你想一下远方有人正在徒步花很长的时间走很远的路，目的也不过是为了买点菜，可能还不如你买的新鲜。

所以，无论你是不是文艺青年，都别在心里想着逃离眼前的苟且，寻找诗和远方的田野了。那只不过是你茶余饭后对自己原本生活的一个牢骚而已。

若是真的论起苟且二字，还是都市里苟且会更好一些。

经历过高压的城市生活之后，你也许会需要一次短暂的旅行来放松一下自己，至于诗和远方的田野——呵呵，还是算了吧！

你只是看了安妮宝贝的书而已

1

阳光、水、空气，我走在街上，遇见你，纠缠你，最后离开你，一个人，住进绿色的森林里。

——是的，我就是这样的男子/女子！

每个文青都有一颗小资的心，可以在工作时披头散发地做报表，可以下班后傻了吧唧地在雨中漫步，可以用LV搭配Kappa，可以在五一期间直飞西藏。

这一切都和安妮宝贝有关。

安妮宝贝的小说其实和王家卫的电影有异曲同工之妙，就是你闲得蛋疼的时候可以看看，真忙起来的时候恐怕连名字都想不起来。

不过两个人表达的内容不同，一个是小资的内心独白，一个是小资的世外桃源。

安妮属于后者，她描绘出一个个理想国度，薄利多销，贱卖给每个小资或者走在小资路上的文青。

这其实多少有些欺骗无知少年的成分，但是因为印刷成册，所以变得理所当然。

百分之八十的人在高中时期开始看安妮宝贝的书，等到高中毕业的时候用坐火车去千里之外的大学来实现书中坐火车去旅行的指示，然后用整个无所事事的大学生活来把球鞋弄脏，穿棉布衬衫并且做着一个以后去西藏、丽江这些文艺殿堂小住，或者去那些地广人稀、遗世独立的地方支教的梦。

很多时候之所以想，恰恰是因为没去过。有一天真的去了就会想，我真是有病，竟然花钱到这种鬼地方找罪受。

我没去过西藏，但是我去过甘肃。当时是头脑发热跑到甘肃去支教，一开始本来准备支教一年，但是公益组织只能做半年的申请，结束后可以申请下半年。

去之前我还天真地想着结束后可以申请下半年，但去了之后，要不是因为签了协议，真是恨不得立马撒丫子就跑。

你能想象到才洗好的衣服刚穿上不到一个小时就被弄脏了吗？

你能想象汽车司机开着二十几年前就淘汰的汽车走在盘山公路上颠簸你的肠胃，还一边在车里抽烟刺激你的感官的感觉吗？

你能想象到车站的公厕上一次要收五毛钱的尴尬吗？

你能想象到这个世界上还有地方存在“要想富，多生孩子多种树”这种观念吗？

我知道，我这样说肯定有人会说我矫情，因为到这种地方本来就是要吃苦的。

我不想反驳，我只想说回去后我要更加好好学习天天向上。

2

这些地方和安妮宝贝书中写的是不一样的，我是没到西藏，但是我在海拔两千米的地方可以想象出海拔两千米以上的地方条件怎么样，无非是条件更差，生活更难过。

别跟我说什么你只要清水和米饭就够了，这地方的水里碱含量过多，烧开了上面会有一层白色的糊糊，喝起来又咸又苦。

你可以反驳我说西藏是不一样的，我可以很明确地告诉你，西藏是有些不一样，去那里更容易“狗带”，狗带懂不懂？就是死亡！

我在兰州培训的时候有个老师告诉我们，有一个大学美术老师带着一群学生去西藏写生，走到一半时一个学生突然产生高原反应，老师赶紧连夜找人把他送往最近的医院，可惜的是，还没到医院的时候，那个学生就停止了呼吸。

我听了之后很震惊，觉得在那种特殊的地理条件下，死亡降临的速度超过了人类的常识范围，饮食之间它就有可能降临。

想象中的死亡或许是诗意和美好的，可是现实中的死亡带来的除了悲痛还是悲痛。

那个美术老师因此受到了学校非常严格的处分，那个学生的家长整日沉浸在丧子之痛里不能自拔。

这些，安妮宝贝都没有告诉你吧！

因为她书中写的人物是自由的、不受束缚的，她在自己的书中扮演的是上帝的角色，因为死亡会给家人带来悲伤，所以主人公的父母极其不负责任，从小就对孩子不闻不问。

但是，你不是，你的白衬衫、脏球鞋，甚至手里的《彼岸花》都来自你的父母，如果你过早地感受到生活的压力，怎么会有空去读那些晦涩而又空洞的句子？

可是，书里的人生是不全面的。我们都是不自由的，我们上有老，将来也会下有小，我们最自由的时光是大学时期，大学毕业了我们要像牛一样辛苦地工作。

在这个经不起失败的社会里，我相信很多人都会给自己上个双保险：如果不能出人头地，最起码也要像普通人一样生活。

可能就是因为我们太过普通了，为了使自己变得与其他人有些许的不同，才会相信安妮宝贝笔下一个人海外旅行的白日梦。

3

很早以前在网上看到有人扒安妮宝贝的黑料，当然真假难辨，意思无非就是安妮宝贝去越南的旅行并非是她一个人独自前往，而是跟团过去旅游的，因为她自己搞不定海关，不会说越南语。

可是等她回来之后故事就走样了，变成她一个人拖着行李箱穿过人头涌动的安检，独自走在河内的街上，从容不迫地和当地人交流，悠闲自在地看日出日落。

虽然说艺术来源于生活，但这并没有起到什么好的作用，对于安妮的信奉者起到的更是一种戕害的作用。

你能想象一大群手里抱着安妮宝贝的书，搞不定海关，不会说越南话的文青独自去越南的场景吗？

想想都觉得后怕！

也许你会问，人家为什么可以过得如此的现世安稳、岁月静好，因为她的书确实薄利多销啊，赚到你的钱了嘛。

于我而言，安妮宝贝的书是有时效性的，高中起，大学止，大学毕业后我再没看过安妮宝贝的书，也不敢再苟同她书里传达的价值观。

当然，我的球鞋一直是脏的，因为我懒。

同理，因为懒，我从来没穿过白色棉布衬衣。

文青爱情故事

1

文艺青年虽然有品位，装得了×、卖得了萌，而且有些文艺青年也是有真本事的，可是还是有越来越多的人呼吁：千万别和文艺青年谈恋爱！

究其原因，不外乎是文艺青年经常以为只要把自己该做的事情做好就可以了，完全不理会另一个人的感受。甚至有的文艺青年并不是在找另一半，而是在找一个观众。

张爱玲说过一句经典的情话：你是医我的药。

但是对于大部分文艺青年来说，虽然你是医别人的药，但你却不知道别人生的什么病。

很多时候都是如此，只不过有些人用力过猛，去了旧病添新病，只好急急忙忙换药，总是新鲜感十足；有些则是剂量不足，但时间一久，也能药到病除。

最可怕的是半路放手，一个半生不熟的药罐子和一个半死不活的病秧子分道扬镳——她的胃想着他的药，他的药也惦着她的病，生出无数情愫，剪不断，理还乱。

这是好听的，说得难听点这就是不负责任。不负就不负呗，你干净利落地从人家的生活里退出也就算了，可是偏偏不能，看到人家发个伤春悲秋的说说，你赶紧上去嘘寒问暖，她有事找你的时候你还是屁颠屁颠去，分个手人家是高贵冷艳了，而你呢？

——抱着村上春树的文艺青年，你直接从标配降成了备胎，而且是一个再没有机会转正的备胎。

2

我认识的一个朋友就是这样的，没事看看东野圭吾，上街了知道塞上耳机听陈奕迅，夜深人静时会有感而发地写两首诗。最重要的是做事周到，懂得察言观色，这在文艺青年中是少有的加分技能。

这样的一个人看起来挺清醒、挺理智的吧！

大学的时候他跟一妹子谈恋爱，俩人好了一年，然后分了。毕业后因为一栋房子，这段感情才有了一个像模像样的结尾。

故事要从大学最后一年说起：那一年，我朋友和几个朋友在学校旁边租了一套三室一厅。

毕业后，几个朋友相继搬走，只有我朋友留了下来。

我朋友不可能一个人租那么大一套房子，于是就招租。

刚好那时候他女朋友，哦不，是前女友从学校里搬出来四处找房子，于是没几天他们就合租了。这个消息足够让人浮想联翩了吧！很难说夜深人静时，会不会有人上完厕所出来迷迷糊糊地进错了房间。

然而，他前女友现在是有男朋友的。

所以，我朋友和他前女友虽然同住在一个屋檐下，却绝对没有复合的可能，反倒多了些狗血的意味。

不过我朋友还算理智，一直和他前女友保持着井水不犯河水的关系，距离最近的时候也不过是星期天我朋友起床晚了刚好赶上他前女友在家做午饭，两个人围着桌子面对面不声不响地吃一顿饭，然后作鸟兽散。

也许是落花有意流水无情，也许是落花无意流水有情，又或者是落花无意流水也无情，反正我朋友和他前女友就这么清清白白、不尴不尬地同住在一个屋檐下。

3

分手后，我朋友不止一次跟我们讲起他前女友的坏脾气。

我朋友和他前女友在一起的时候，他前女友经常不分时间、地点、场合，莫名其妙地就和我朋友吵架，吵完之后一个人风轻云淡地离开，留下我朋友一个人在原地发呆。

最严重的一次是大一下学期的班级聚会，那个时候我朋友是副班长，他负责安排聚会的座次。

他前女友是文艺委员，她认为自己既然是班干部就理应和班主任被安排在同一桌吃饭，但是我朋友偏偏把他前女友安排在了另外一桌。

他前女友立马就恼了，她当即对身旁另一个女班干动之以情晓之以理，说班级如何如何不重视她们，这样不公平，她们应该离席以示抗议。

女班干被他前女友说动了，于是两个人一起愤然离席。

最后，无可奈何的我朋友追出去，好话说了一箩筐，然后又赔礼又道歉又调了座位，才把他前女友和女班干劝回来。

本以为这件事就这样过去了，可是没想到暑假过后我朋友就向他前女友提出了分手，理由是暑假的时候我朋友的母亲看过了他前女友的照片，看完之后对我朋友说：这个女孩子不是我们家的儿媳妇！这句话成了压死骆驼的最后一根稻草，让我朋友终于狠下心来和他前女友分手。

分手后，我朋友就开始玩失踪，不上课，也不回寝室，一头钻进网吧里不出来，任他前女友天天站在男生宿舍楼下晒太阳。

最后他前女友急了，拉住我朋友寝室一哥们儿苦苦哀求：求求你了，就让他来见见我吧！就算要和我分手，也要讲清楚啊！

其实很多事是讲不清楚的，我朋友玩失踪，无非是心里还有他前女友，怕见到她心里不忍，最后两个人又在一起。

他这样躲着拖着，心想等到他前女友累了，也就不想再问为什么了。

我朋友始终没有出现，之后他前女友也消失了一阵，等她再次出现时，身边已经有了新男朋友。他前女友的新男友是个标准的好好先生，最起码他可以在任何时间、地点、场合容忍她的坏脾气。

每个人都看得出我朋友后悔了，因为每次他看到他前女友和好好先生走在一起都会绕路，有时候实在躲不开狭路相逢之后，脸色都青得吓人。

最关键的是他和他前女友并没有形同陌路，两个人还是会时常来往，好好先生不在的时候他前女友经常会约我朋友出去，而我朋友也有约必赴，成了他前女友名副其实的备胎。

但是他前女友和我朋友两个人就像变成了两个绝缘体，再也擦不出一点火花。

一开始很多人都认为他前女友和好好先生在一起，有对我朋友进行报复的成分，但日久见人心，现在看来，他们是真心相爱的。

4

后来有一次我们几个聚在一起吃饭。

聊着聊着就聊到我朋友的前女友，我朋友端起杯子喝了一大口，嘴里开始冒话："我最近才知道，她妈妈在她八岁的时候就去世了，她父亲工作忙又加上一直没有再婚，就把她寄养在亲戚家里，小时候她经常在这个亲戚家住几天之后再搬到另一个亲戚家里去，像个皮球一样在大人之间被踢来踢去，一年也见不了她父亲几次。"

气氛突然安静下来，每个人都不讲话，也不夹菜，等着我朋友继续说下去。

我朋友喝了一大口啤酒继续说："所以我直到现在才知道，为什么她的脾气会那么坏。我真的很后悔，为什么当初在一起的时候没能多理解多包容她一下。那种寄人篱下的日子一定很难过，很没有安全感，所以她才会经常乱发脾气。我真的好后悔，如果能够重来一次，我一定会对她好一点，最起码要比上一次好。"

我朋友语气里满是愧疚和诚恳。也许他不再喜欢她，但是此时此刻他真真切切地在为自己没有好好对待一个缺乏安全感的姑娘而后悔。

但是，现在说这些还有什么用呢？

张爱玲说过，如果你了解过去的我，也许会原谅现在的我。两个人在一起时，我朋友没有好好去了解他前女友过去的生活。如今，当他们俩已经成为过去，了解了前女友过往的我朋友却要开始厌恶甚至痛恨过去的自己。

还好在场有位女士端起酒杯及时出来圆场："大家干了这杯酒，但愿此后他前女友能被这世界温柔对待。"

他前女友的事情只是这顿饭的一个小插曲，毕竟她和我朋友已经分开很久了。我朋友就算心中愧疚也只能留到深夜里一寸一寸地消磨了。

这算不上一个悲伤的故事，我朋友和他前女友之于对方，都是生命中一个小小的过客。

时过境迁，再来评论谁对谁错已然没有意义，只能说我朋友和他前女友两个人相互之间缺乏了解。

我朋友看过很多书，听过很多歌，在深夜里写过很多诗，也曾经有很多次，他无条件地退让、容忍他前女友的坏脾气，但是他从来没有试着去了解她的过去。

他一直以为自己八面玲珑，能够很好地掌控局面，能够从容地为每一次尴尬圆场。

但是他从来没有想过，每一次的尴尬之所以能顺利地化解，是在座的每一位都做出了退让。

我朋友代表的不仅仅是他自己，他代表了很多人：那些在爱情里自以为做得很周到的人。

每个人或多或少都会有些问题需要别人包容、体谅，所以爱一个人不仅仅是爱他的现在和将来，更是爱他的过去。

你是医我的药，但是首先你要知道我得的什么病。那些难以启齿的不安和缺憾，早已被晒干褪色，变成一片片细小的茶叶，需要你烧开水，静静地煮上，等它舒展脉络，沁入水中，随着热气氤氲，才会真相大白。

再次奉劝所有的文青一句，爱情这东西，不是你一个人做得够好就可以的。它需要两个人一起努力才能开花结果。如果你提前完成了自己的任务，别急着奔向下一站，要记得转身去帮助落在你身后不远处的另一半。

从独立厂牌对大众音乐的偏见看文青

1

文艺青年是一个相对比较小众的群体，因为凡事参与者一旦多了就会变得大众起来，一变得大众，装×就有困难了，因为大家都在装×，岂不是没观众欣赏表演者了。

所以我们有理由怀疑有些文艺青年其实也不怎么喜欢那些小众的东西，但是他们料定普通青年一定受不了小众消费品的枯燥、沉闷和无趣，所以就逼着自己去看，坚持看完，或者最起码要了解故事的梗概，知道经典台词，因为只有看过了、听过了的人才有资格装×，没看过的只好看着别人装×。

这是一种偏见，一种小众自以为高品位高格调而对大众的偏见，并且这种小众曾一度试着反扑，比如某某宝贝就曾被人评价为“小众文学被大众接受！”

其实这是一个完美的伪命题，既然你以为被大众所接受，你就不再是小众了，小众是什么样子的呢？小众是主流之外的非主流，是文化中的亚文化，有影响力不假，有死忠也不假，但是覆盖面绝对没有那么广泛，如果某一天某个号称小众的作者或者音乐人被大众所接受，那么绝对不是小众对大众的反扑，而是他口中所谓的“小众”终于get到了大众的精神需求，也许是有意为之，也许是不谋而合，但是一旦被大众所接受，你就不能再说自己是小众。

2

文艺青年喜欢听陈绮贞多过蔡依林，喜欢曹方多过陈奕迅，不见得是他们的歌有多好听，是因为他们的气质相似、行为接近，他们都是独立厂牌做出来的小众音乐。在文艺青年们看来，这简直就是他们的专属天使啊！必然会甘之如饴，大肆宣扬。

试想一下，一个人坐上火车去旅行，耳朵里塞着耳机，窗外是一掠而过的风景，别人问他此时耳机里在放什么，要是回答人家是《大艺术家》或者《双截棍》总感觉拉低了旅途的格调，而换成《旅行的意义》呢？

多么的不谋而合，多么适合远方的一首歌啊！在写这篇文章的时候我特意去听了一下《旅行的意义》，其实我没听出来旅行到底有什么意义，旅行到底是什么意义，去过了才知道嘛。唱有什么用，我说的比唱的都好听，有什么用！

3

不过，话说回来，文艺青年如此崇尚小众的音乐，难道你就真的没有听过大众的音乐吗？难道世界上的一切都被这么几首小众音乐道尽了？

难道文艺青年看到的世界就这么小吗？难道你在看到不能忍的事情时就不想大声地喊出来：我呸，都呸，都play吗？

有人曾说，如果曹方每次出现都带着一个娃娃，那么文青们就会觉得拿着一个娃娃出现是合法的，可见文青心中渴望标新立异，渴望一眼看去就能从人群中被分辨出来，否则谁上街会一直带着一个娃娃呢？不会某天赶时间出门忘记吗？不会累吗？手里拿着娃娃那包包怎么办？难道文青的每天都是一个频道一个表情一种心态吗？

当然，你旅行的时候可以听《旅行的意义》，可是胆怯的时候呢，愤怒的时候呢，不想思考的时候呢，看见自己讨厌的人的时候呢？

你不可能一直听那种阳光充足、超然物外的歌曲吧！我觉得不管你是普通青年还是文艺青年，都应该在恰当的时候做自己应该做的事情。

上班迟到了就得飞奔下楼，做错事情要被领导骂了就该听几首Lady Gaga的歌为自己壮胆，碰到看不过去的事情时就应该像痞子阿姆一样脏话连篇，想要感受躁动的荷尔蒙的时候就应该去看贾老板的视频。

别说你看透了一切，知晓了生命的意义，对一切都无所谓了，如果你真的对一切都无所谓了，那么你为什么要执着于那些小众的东西呢？

你就是想借着这些小众的东西把自己同大众区分开来，更有甚者，纯粹就是为了出去装×，当然不得不夸你一句，装×都能做这么久的功课也是难为你了，此处应该点赞。

4

我不相信文艺青年真的那么痴迷于王家卫式沉闷小文艺片或者在一两周之内无限循环想要把《关于莉莉周的一切》看懂，看看国内诸多有营养、有内涵、有气质的文艺片上映时的票房就知道了，文艺青年们都没去捧场吧！

说到底那是小众的，连你自己可能都觉得花几十块钱去看一部看不懂的电影是不值得的事情。换句话说，文艺青年这么执着的一个群体遇见好的东西，即使一遍看不懂，可以去影院二刷三刷啊，要是真的每个文青都去刷上几遍也不至于百分之九十的文艺片票房都惨败吧！

但是就因为小众，所以有时候文青也不愿意为它们埋单吧！去电影院看一场看不懂的电影多尴尬啊，是该说自己浅薄还是说影片太难懂呢？貌似都不太好，还是好莱坞的商业大片好一些吧，视听震撼，环环相扣，走出影院的那一刻都觉得余音在耳，而一部文艺片呢，可能看着看着影院里就鼾声四起了。

说到底文青再喜欢小众的东西，他们本身也还是大众的一部分。很多时候你的价值观会和大众不谋而合，这也就不难解释为什么蔡依林、周杰伦、陈奕迅的号召力那么强了，演唱会场场爆满，因为人家会玩——劲歌热舞、气氛热烈，嗨爆你耳朵！

如果是文艺歌星诸如陈绮贞、曹方的演唱会呢，相信从买票开始你就觉得别扭了，怎么会谈到钱呢，不应该啊！等你顶着一张万年不变的文青脸进去听她们清汤寡水地弹两个小时吉他之后，恐怕内心早已忍不住大呼骗人了吧！

任何一种东西的存在都是合理的，不管是大众消费品还是小众消费品，只要是消费品都会有人买，有人喜欢，但没必要喜欢大众消费品的挤压喜欢小众的，也没必要喜欢小众消费品的觉得大众消费品低俗，因为任何一种东西的价值都不是你能片面衡量得出来的！

Chapter 2 这一刻，开始现实聊天

有时候你会在不经意间忘记它的存在，有时候你会刻意逃避它的身影，但最终，你们会狭路相逢，总有一天你要去面对它——令人无奈的现实。

说真的，其实你离不开钱

1

说真的，其实没有人能离开钱，包括文艺青年们。

虽然文艺青年不提倡消费，并且对商业化深恶痛绝，但是不可否认，你就是离不开钱。吃饭得买米吧，用水得交费吧，出门要坐车吧，基本上一事一物都要花钱。

更何况文艺青年还向往自由、渴望远方，固执而又决绝地认为青春是一场说走就走的旅行。

这样的生活没钱行吗？没钱怎么去远方，怎么获得自由，怎么说走就走？总不能穷游吧！穷游怎么能配得上文青们在云端飞行的格调！

相信很多人都有这种经历，五一、十一放个假，出去浪几天，上班族基本要花掉一两个月的工资，至于学生党，可能往后的几个月都要吃泡面了。

凡事一谈到钱，就变得很现实，因为钱是这个世界上大部分硬件设施的通行证。没钱买不了车票吧，没票上不了车吧，就算你心里装着一个天下，检票的时候两手空空，乘务员也一定会甩给你白眼然后从鼻子里哼一声让你滚蛋，说不定临了你背后还会传来一句：票都买不起，还想出去浪，穷鬼！

这就是事实，也是为什么会有那么多人说文艺青年的想法不切实际，因为这些不切实际的事情看起来和钱没关系，其实是要花更多的钱。

我大学毕业之后去工作，觉得生活很无望，一度找不到生活的方向，曾在一段时间里密集地参加各种考试。后来反省过来觉得这样不对，想要找个安静的地方静一静，想想自己到底想要什么。

当时第一个想法就是去支教，大山里清静，能想明白很多事情。

第二个想法就是赚钱，因为支教是没有工资的。我当时联系的是一个西北的公益组织，申请为期半年的长期支教，公益组织承诺说每个月会给三百块钱的补贴，根据当地的生活水平来说，三百块钱差不多是一个月的生活费。

不过我还是没敢轻易辞职，而是在公司做到了年底，存了些钱才过去的。

事实证明我的决定是正确的，我们过去之后才知道生活补贴是支教结束后才给的，我们支教期间产生的费用需要自行承担。而且到了之后才发现开销其实远远不止他们说的三百块钱，他们说的三百块钱是当地人的生活水平。

听好了，是当地人的生活水平。而我，我不是当地人，我是外地人。

当地人的家就在当地，家里有锅碗瓢盆柴米油盐这些生活用品。我却不行，虽然学校提供宿舍，也给了一些基本的生活用品，但是更多的要靠我自己去置办，由于当地人不吃米饭，所以学校只给了我一个煮面的锅子，我只好自己再去买一个电饭锅回来，剩下的其余琐碎物件都是我自己想起来，然后周末放假出去买的。

我很庆幸没有水土不服什么的，否则要花更多的钱。

2

我承认，钱不是万能的，世界上有很多东西都是钱买不来的，钱买不到爱情、买不到亲情、买不到理想，可钱最起码是这些东西的基础。

我表哥比我大一岁，大学时谈了个女朋友，毕业后两个人一起回老家工作。有一次我和我表哥聊天，问他什么时候结婚。

我表哥说他很想现在就结婚，可是女方不同意。

我问为什么。

我表哥只回了我三个字：房子、车。

现实的问题来了，我表哥那时候刚工作一年多，我们老家那个小县城也不是很发达，我表哥一个月的工资只有两千多，别说买房子，能维持基本生活就不错了。

站在我表哥的角度上看，他女朋友提的要求可能有些过分了，可是站在女方的角度来想，真的过分吗？

她只不过想要自己的婚后生活负担小一点、生活得从容一点，这有错吗？现在一套房子动辄几十万上百万，上班族买一套房子可能房贷要还十几二十年，没有人愿意过这样的生活，更何况，婚后还要抚养孩子，赡养老人，每一件事都是一笔不小的开支，房子和车子的问题当然是尽量在婚前解决了。

直到现在，我表哥的婚事依旧是悬而未决。

难道我们能说他们不相爱吗？

他们只是敌不过现实而已，爱情是很珍贵，但是没钱真的很难再上升到婚姻的高度，就算强行结婚了，婚后也不见得会幸福。记得李碧华的《胭脂扣》里，十二少违背家人的意愿和如花在一起，两个人定情后如花依然在妓院工作。因为他们不敢一起吃苦。

因为苦这东西一旦吃久了，就会心生怨恨，男人抱怨为女人耽误了锦绣前程，女人埋怨在男人身上浪费了短暂韶华，最终变成一对怨偶。

《小时代》虽然拜金，但是有一句话还是很正确的：没有物质的爱情就像一盘散沙，都不用风吹，走两步就散了。

我不是鼓励拜金主义，只是觉得一个人的经济水平应该跟上他的思想境界，越是拥有远大的理想，就越应该粮草充足、兵强马壮，不然靠什么走过漫长的路途呢？

3

在商业社会里，人们需要钱，就像他们需要阳光、水和空气一样，是一件很自然的事情。

在这个社会，多么伟大的思想、作品都要被金钱衡量，因为除了金钱也没有其他东西可以衡量这些伟大的东西。一旦要衡量，最好的等价物就是金钱，也只能是金钱。

假如你出了一本书，出版社给了你一车煤，你会接受吗？

文青们都推崇凡·高，喜欢韩寒，要听音乐要挺独立厂牌的，无非是因为讨厌商业化。

可是商业化真的有那么可怕吗？

那么多人推崇凡·高，为什么没人愿意去过他的生活？

因为他一生穷苦，生前要靠亲人接济度日，一直被身边的人瞧不起。

当然，凡·高死后名声大噪，一幅画作后面带着一大串零，可是这对于他来说已经没有意义了。就算他的画卖再多的钱他也花不到了。世人享受着凡·高带给他们的精神享受，可凡·高却再也收不到自己应得的费用，这样岂不是很不公平！

记得之前看新闻，发现现在韩寒都开始全力拥抱商业化了，要知道早年的韩寒可是拒绝一切商业化行为的。

我不知道你还在犹豫什么呢？况且，只要你自身有了价值，就算你拒绝商业化，别人一样会消费你，你没办法逃避的。

我想很多文青应该都有一个非常理想化的想法：就是希望有一天可以用自己的理想养活自己的生活。反之，如果理想不能养活生活，就要用生活去养活理想，你确定你日复一日做重复的工作，习惯了温水煮青蛙的生活之后，还有多少精力去追逐自己的理想？

如果金钱能够让你过上自己想过的生活，做自己想做的事情，能够更好地去实现自己的理想，我们为什么要拒绝呢？

当然，君子爱财，须取之有道，用之有度。

否则和暴发户有什么区别！

和世界交流的正确方式

1

有理想的人很多，但实现的没几个，因为很多时候我们都只顾着自己，忘记了世界的存在。世界是不讲理的，它有自己的一套规则，很难去打破。

安妮宝贝曾经说过，城市是一座石头森林，世界又何尝不是呢？所以，一个人内心的想法越多，与外界产生的摩擦就会越多，虽然有时候能擦出一点火花，但更多的时候却是碰得头破血流，得不偿失。

尤其是文艺青年，他们作为固执己见、愤世嫉俗，现实与理想背道而驰的一群年轻人，很多时候都在抵抗和排斥这个世界，根本不会想到和世界去交流。大多数文艺青年都像茅坑里的石头一样，又臭又硬。而世界也是多你一个不多，少你一个不少，你又臭又硬，世界比你更臭更硬，文青的那点硬跟世界比起来就像是鸡蛋的外壳，而世界的硬则是里外一致的石头，硬碰过后保证你头破血流，而世界则安然无恙。

2

鲁迅先生曾经写过一篇文章叫《聪明人和傻子和奴才》，大部分文艺青年都有一个聪明人的头脑，却非要去扮演一个傻子的角色，到最后难免沦落成一个奴才。人生就是如此，不是在这里苟且就是在别处苟且。最可怕的是有时候在这里的苟且是一时的，是忍辱偷生，终有一天是要拿起武器复仇的，而在那里苟且是一世的，渐渐堕落下去，再也没有机会站起来。

如果理想对你来说真的有那么重要的话，那么你为什么不肯为了理想去放下你所谓的身段，低下你高贵的头颅。

很多文青把理想比作自己的孩子，含在嘴里怕化了，捧在手里怕冻着，其实都是骗人的。有多少父母会放着好日子不过带着自己的孩子去过苦日子，有多少父母会为了自己的一点清高的心理而置自己的孩子于不顾。想想我们自己的父母，他们为了抚养我们长大，付出了多少精力？他们为了我们能上好一点的学校，有多少次跑前跑后托关系花钱请吃饭还要赔笑脸？他们为了我们能吃得好一点穿得好一点，多少年省吃俭用不肯为自己添置一件新衣服？

有多少文艺青年为了自己的理想低过头，为了自己的理想放下过身段，为了自己的理想去给别人赔过笑脸？

没有！文青们都觉得有梦想就了不起，有梦想就老子天下第一，世界算什么！

如果你这样想，那我只能告诉你，你可能要把你的理想带进坟墓里了。

因为你根本不了解世界，也千万别指望世界会毫无条件地接纳你，顺着你，你以为四海之内皆你妈呢！

所以，我们要找到和世界交流的正确方式，这是一件很重要的事情。

3

世界是什么？

很多时候世界就是指我们得以立足的社会，微观一些就是我们生活的城市。

那么，这个社会是什么样子呢？

这个社会是商业化的。商业其实是一件很简单的事情，就是用我们拥有的东西，去换取我们想要的东西。在社会商业化的背景下，我们每个人都是商人，说白了，其实就是拿你拥有的去换你想要的。我们出卖自己的体力、智力、口才等一系列的东西，来实现自己的人生价值，换取自己的生活所需，达成我们心里想要实现的目标。

想要被社会接受而又不肯低头，这是很难的。就算大牌如麦当娜，也曾一度过度地接受商业化，直到现在还因为这件事情被人诟病。

而文艺青年想要做的，应该是像人民币一样让每个人都喜欢自己吧！

但是你不是人民币，你没办法做到这一点。

如果一辈子都默默无闻的话，虽然不能做到让每个人都喜欢你，但是你做到了让每个人都不讨厌你——因为大家根本不知道你是谁！

以前一位创作型歌手在访谈中曾说过，他为别人写歌的时候会考虑人家的定位、路线、市场和受众等一系列的社会因素，而给自己写歌的时候，这些东西她就全都不顾了，全凭自己喜好来写，看起来颇有些一意孤行的意味。

我想文艺青年们应该就是这个样子的，一意孤行地想要表达自己的想法，全然不顾社会因素。这样成功的概率当然很低了，低到什么程度呢？大家都知道一见钟情吧！概率和它差不多。

姜文在《让子弹飞》中说：今天我要站着把这钱给赚了！

我想文艺青年们大概也是这样想的，想要站着把钱给赚了。如果是这样的话，那你更应该积极地和这个世界交流，找到和世界交流的正确的方式。

4

以前看到过一则关于某知名作家的新闻，她说自己离开第一任老板的原因是因为有时候公司会强迫她写公司制定出来的选题，而她更愿意写自己内心的想法，后来她花了好几年才写出一本书，虽然自认为写得很好，但是读者并不买账，一致认为她有重复前作的嫌疑。再后来，渐渐地，她就不那么为人所知了。

当然，我们不去评判这位作家的做法对错。

只讨论一下制定的选题和自己内心想法之间的关系，公司制定出来的选题，就像是我们语文考试里的命题作文，题目给你了，让你顺着题目自由发挥，而你自己的想法就很难说了，按照自己的想法来写东西难保不会写出来一本让人读不懂的天书。

相比之下，选题一定是经过了细细的考量，研究过市场、受众等各个方面的因素，基本上只要你写得不是太烂就不会亏本，而你按照自己的想法写就很难说了，说不定根本就不会有人为你埋单。

我刚写小说的时候就是这样，一味地按照自己的想法去写，结果经常是十稿九退，对我的打击很大，甚至一度觉得自己并不适合写小说，想要放弃。

也许写了选题自己的内心会不舒服，这是因为没能按照你自己的想法来写，你觉得有人强迫你向世界低头了。可是那只是你自己的想法，你写一个故事，不管是制定的选题还是你自己内心的想法，首先要构思全面，情节生动，然后用尽全身的力气去写，努力让故事对得起读者的眼睛，否则就算是你自己内心的想法也不过是一堆受人唾弃的垃圾。

而且，你有没有想过，如果不是曾经低过头，那么抬头也不会有意义。

如果你真的热爱你的理想，你就应该为它做些什么，如杨过般为小龙女得罪整个武林，如鲁迅先生般“横眉冷对千夫指，俯首甘为孺子牛”。

从前吃尽了苦头，处处碰壁，经历过各种纠结和挣扎，学会了和世界交流，找到这个世界运行的规律，有朝一日才能大鹏一日同风起，扶摇直上九万里。

其实，世界就是这么回事儿！

“独立”是怎么一回事儿

1

独立分为两种：一种是人格上的独立，也就是说你有自己的想法，不用事事听从别人的安排，别人的话再具诱惑力，对你来说最多也只是作为参考。

第二种比较简单，就是经济独立，你能赚钱，自己口袋里有钱，不用为了钱向别人低头，说话做事自然干净利落，想要绝尘而去时就能绝尘而去，不带走一片云彩。

两者相辅相成，人格独立推动经济独立，经济独立支撑人格独立。

但偏偏有些人，觉得自己有才华、有理想、有抱负，但就是什么都不做。不仅不做，而且不听劝，一有人跟他们说点什么，反驳起来大道理说得比谁都多，绝对能给你说出一篇毕业论文的篇幅。

为什么？

因为他们看的书本来就比一般人要多，歪理多也不足为奇。

这部分人中，文艺青年的比例相当之大。

2

文艺青年都有一些在别人看来不切实际的理想，并且痴痴地等待着理想的实现，这导致了他们不想赚也不会赚钱，没钱加剧了经济问题，文青们因此变得更加痴呆，这使得他们更加迫切地需要理想的实现来扭转眼前的困境。

没错！这就是一个周而复始的怪圈，只要你不跳出来，就会永远重复下去，最关键的问题是——不论你处于怪圈中的哪个环节，都没有任何甜头可尝。

有多少文艺青年品位无限高，知道哪里好玩，知道哪里的东西好吃，可是偏偏去都去不了。

因为囊中羞涩啊，结账的时候老板会因为你是文青就不收你钱吗？当然不会。

结果，你还不是得乖乖地吃几块钱一份的盒饭。

有多少文艺青年爱情理论一大堆，身上也有不少闪光点，可是总是找不到女朋友?

因为女孩子虽然喜欢有理想的男孩子，但是做你女朋友之后还是希望你能实际点，试想一下，有哪个女孩子愿意嫁一个只会满嘴大道理的人呢！

又有多少文青，明明自己身强力壮的，却每天窝在出租屋里像个病秧子似的度日如年？

年轻人是要有理想，可是年轻人更要有干劲、有闯劲，要是每天窝在出租屋里都能梦想成真的话，世界上就不会有“奋斗”二字了。

所以每个人，包括广大文艺青年们都应该去工作，不是养活理想，是养活你自己。

有了一份工作，你就可以养活自己，解决自己的衣食住行，不必因为最基本的生活要求而向别人低头。

所以哪怕是为了让人能看得起你，你也要有一份工作。而且让别人看得起你，难道不是一件很重要的事情吗？只有你独立了，能养活自己了，才能说自己想说的话，做自己想做的事啊！

我有个远房的堂哥，本来挺聪明的，高中以前考试在班级里都是前十里数得着的那种，后来上了高中，寄宿在学校里，离家远了，爸妈管不着了，结果开始天天跑出去上网吧。

用当时的话来说，我堂哥他们学校跑出去上网的学生经常是起早的碰上贪黑的。

有一次我堂哥晚上包完夜直接去教室上课，结果在课堂上呼呼大睡，老师叫他回答问题，连喊了两遍都没反应，最后老师发火了，直接朝我堂哥吼道：“×××，你给我滚出去！”

这次我堂哥听见了，站起来揉了揉眼睛，二话没说就站起来走出去了。

最严重的一次是他有一天晚上要出去包夜，可是宿舍楼下面的大门上锁了。但他又实在想去，就拿床单绑在二楼楼道的暖气片上，然后爬了出去。

他本来叫人等他出去之后把床单解下来的，可是查寝的老师来了，那人就给忘了，结果老师下楼的时候看到床单绑在暖气片上……

反正那次事情闹得挺大，影响挺坏，学校一度要开除我堂哥，就连他找来解床单的人都受到了处分，后来我婶婶又是托人又是花钱请吃饭才把事情解决了。

后来不放心，婶婶还跑到学校附近去租房子陪读。

饶是这样，我堂哥依然不争气，平时偷偷去上网还让我婶婶抓了好几次现形呢！

高中毕业后，我堂哥去省外念大学，更加肆无忌惮，我给他打了好几次电话，不是在KTV里唱歌就是在网吧包夜。就这样混到了大学毕业，我堂哥实在找不到工作，只好回老家了，赖在父母身边，一个劲地让我叔叔婶婶出去托人给他找工作。

为了给他找一份工作，我婶婶跟好多亲戚都吵过架。

其实各有各的难处，我婶婶当然希望我堂哥能有一份好工作，别人也希望这样。可是我堂哥的四年大学是玩下来的，什么证书都没有，还因为成绩不及格而延迟毕业，托谁谁都躲得远远的。

后来我堂哥不得已去了一家很偏僻的新开的农副产品公司做会计。从此他在周围人的眼里也被扣上了“没本事”的帽子，家里很多亲戚也不怎么看得起他。

这是人格不独立的后果，虽然我堂哥有了工作，可是他身上被贴上了“没本事”的标签，不论他以后如何努力，大家还是觉得他是以前那个没能力的小子。因为大家习会习惯性地忽略他的努力，集中精神去探索是什么助攻或者外挂帮他完成了任务。

3

至于文艺青年们，如果你心怀远大理想，难道不应该更加努力地去工作，去学习，去适应这社会的规则？

那些实现理想，站在金字塔顶端的人，哪个不是披荆斩棘一路走过来的，他们是比平常人付出更多的艰辛、更多的努力才有今天的辉煌。

文青们都是自诩为有理想的大好青年。

可是，大好青年们，我想问一下，你知道怎样去实现自己的理想吗？

你以为理想只靠你的一意孤行和异想天开再加上天天做白日梦就可以实现了吗？

你知道写小说的人申请一个选题要等多久吗？

你知道一个选题申请下来，除了你在不停地写写写之外，还需要多少人拍板吗？

你知道一本书从完稿到上市要多长时间吗？

你知道为了实现你的理想有多少人要加班加点熬夜开会吗？

千万别觉得你有点小才华小情操就了不起了。

因为相对于你的才华你的情操，最重要的是一个识货的伯乐。

否则就算你真的是千里马，下场也和普通的马没什么两样。

所以，在你的伯乐发现你之前，你既要过好普通的生活，又要坚守住自己的理想。

如果你是个邋邋遢遢、满嘴跑火车的人，人家凭什么在你身上下注？你以为生活像电影一样啊，其实你是迫不得已而流落民间的王子或者公主，前半集受苦，后半集享福？

别傻了，孩子！就连布景华美的电影里也到处都充满了妥协的例子，《全球热恋》里的井柏然明明是个文青，最后不也得迫于生活的压力去咖啡店里打工，否则怎么会遇见Baby！《中国合伙人》里的佟大为，诗都凑成一本集子了，不也得和同样落魄的同学去开英文辅导课！

对，有梦想是了不起，可是你不工作，不让自己的人格和经济独立起来，连正常人的生活都过不上，还谈什么实现理想！

生活从来不会有《还珠格格》般逆天的反转，它只会让贫穷的更加贫穷，让富有的人更加富有。所以，不管你有多大的理想，不管你多么想要实现它，你都要静下心来，耐着性子去工作，否则，没人会看得起你。

总有一天你会感到疲倦

1

人都会累的，有的时候是身体上的疲倦。这个简单，吃饱喝足，然后倒在床上蒙头大睡，第二天早上保证满血复活。而且身体上的疲倦往往会给人带来一种满足感，因为你一定是辛勤劳动过，甚至劳动过量，身体才会发出疲倦的抗议，所以吃饱喝足之后的倒头大睡会无比的踏实。

难搞的是精神上的疲倦，你不知道它什么时候会来，也许上一秒你还在举杯痛饮或者是与朋友们在一起胡说八道地犯二，可是下一秒疲倦就涌了上来。那是从心底散发出来的疲倦，由内而外地感觉到累，你会瞬间对自己此时此刻的所作所为失去兴趣，甚至产生怀疑，认为这些东西都毫无意义。这会让你夜不能寐。

尤其是文艺青年们，如果有一天你从心底里感觉到疲倦的话，那么你很可能会对眼前的一切都产生怀疑，尤其是你的生活方式，因为你选择的生活方式除了看得见的不断消耗之外，并没有产生其他的一些实质的东西。你的思想存在于你的大脑中，这个时候可能已经被推翻；你所有的劳动成果可能都存在一个小小的硬盘里，看是看得见，但是摸不着；而一个文艺青年的朋友们则大多数都是来自五湖四海，虽说海内存知己，天涯若比邻，但是见不到面。

通过电话或者其他社交工具聊天，可能在聊天的时候会起到缓解作用，但是一旦挂断之后，空虚会成倍地涌来。这个时候你才会发现，原来这种内心的疲倦带来的感觉，要靠实实在在的物质才能缓解——得用一些看得见、摸得着、握在手中不会跑的一些东西做药引才能治好。

这个时候文青们基本上都想要换一种活法，想接地气，想摘掉耳机，想从云端下来，想融入世俗的生活中去。

2

我曾经有过那种感觉，那是一种很奇怪的感觉。

那个时候我还在读大学，有一天不知道为什么，午睡之后坐在床上，突然从心底里迸发出一阵绝望，感觉自己很累，觉得自己做的一切都没有意义，迫切地想要换一种生活，不想整日活在患得患失中。

那时候，我甚至想到赶紧找个女朋友结婚，生个孩子，再养一条狗，然后好好上班赚钱养家。每天下班回到家之后，一家人其乐融融地在一起吃饭、看电视，我觉得那个画面很温馨。越是这样想就越是迫切地想要实现，那个时候我甚至产生了一个疯狂的念头，想要在大学里找个女朋友结婚。

总之，就是那种好像已经阅尽世间一切风景，历尽一切沧桑，想要安定下来的一种感觉。

这就是那种内心散发出来的疲倦感带给我的想法，很长一段时间都挥之不去。可是我心里清楚地知道，这样是不对的，就像一个人在树林里迷了路，可是你虽然迷路了，心里却知道自己早晚会走出去。所以我虽然产生了那样的想法，但是我知道我早晚有一天会找到路，走回自己原来的路上，继续做自己想做的事情。

可是那个时候，我忘记了一件事情，也许人一旦迷路，就算有一天能走出来，重新找到的路也不再是以前那条路了。

而且对于一个文艺青年来说，那种由内而外的疲倦感是经常会有的，频率最起码比非文艺青年高一倍。试想如果你在生命终止的前一刻，突然陷入那种疲倦之中，那么是不是意味着，你之前用尽毕生的时间所追求的一切，都在你临死之前被否定，你作为一个失败者离开这个世界？

答案当然是否定的。一个人就算一辈子都在做自己想做的事情，到头来都难免会有遗憾。况且，之所以会有那种疲倦，难道不是因为生命中其实应该有一段时间去做那些平凡而琐碎的事情。一个人不应该把所有的时间花在自己喜欢的事情上，因为人是会变的，那种发自内心的疲倦就是一种改变，让你看到生活的另一个方面、另一种可能。

就像某部电影里说的一样，其实了解一个人不算什么，因为人是会变的，今天他喜欢吃凤梨，明天他可以喜欢吃别的。

这句话更深层的意思其实是，一个人往往连自己都不了解自己，否则出现那种不可捉摸的疲倦感时，你为什么找不到根源。是因为你根本不了解自己的另一面，任你再清高的人也得食人间烟火，只是你自己不想承认。

所以，当你的内心产生疲倦后，你应该去释放它，并且试着去解决它。但是同时，你要坚定自己的理想，因为你知道早晚有一天会找到一条出路，重新走回原来的路上，并且一直走下去。

说到底，这一切都是并存的，因为人本来就是一个矛盾结合体，至于文艺青年，你需要面临的矛盾可能会更多而已。

你既需要坚持自己的理想，做自己想做的事情，也要把那些你应该做的分内之事做好，因为早晚有一天你会发现，那些应该做的事情也是自己所需要的，而且是应该提前做好的，等到真的需要的时候现去做就来不及了。

千万别说你没时间，你很忙，这些都是借口，而且也暴露了你没有时间观念的陋习。如果你真的那么忙，你应该连吃饭的时间都没有的，如果你连吃饭的时间都没有，那么一定没机会看到我写的这篇文章，因为你肯定早就饿死了。

3

一天的时间就那么多，但是我们却能做完很多事情，只要你想做就一定能做完。

我以前有个朋友和一个女孩子在谈恋爱，那个时候他真的很忙，白天的时候要去上课，还得去处理学生会的事情，晚上还要出去做兼职赚钱，回来的时候差不多都十一点了，我们学校十一点钟宿舍楼锁门，可是就这样他还是可以和女朋友见上一面。

对此我们都很惊讶，他却无所谓地说：因为真的很想她，所以哪怕只有十分钟，我也要去见她一面。

看到了吧，他把去见女朋友当成了必须要做的事情，所以哪怕只有十分钟也会抓紧时间过去见一面，可见我们的一天是可以做很多事情的。鲁迅先生曾经说过："时间就像海绵里的水，只要愿意挤，总还是有的。"

所以，文艺青年们，你就把那些世俗的事情当成像吃饭喝水谈恋爱一样是必须做的事情就好了。

哪怕只有十分钟也要去做一下，一天做十分钟，坚持做下去，等到下一次内心的疲倦来袭的时候，应该就有一定的防御能力了。免得到时候手忙脚乱，应付不好，说不定连原本要做的事情都忘记了。

那些平凡而细碎的幸福

1

每个人都需要那些平凡而细碎的幸福，诸如老妈万年不变的唠叨，老爸不知何时才能停止的沉默，还有男女朋友之间日复一日的吵吵闹闹，这些东西每个人都要经历，跟你懂多少人生大道理完全没有关系。

文艺青年千万不要自以为懂得多，就天真地以为这些东西能够找到替代品。生活里本来就有很多事情是无可替代的，你错过的每一件事情，都有可能成为生命中抹不去的遗憾。

生活就是这样，它不讲理的！

一个人懂的道理越多就会活得越小心，因为他不想再受到伤害，比如，被拒绝的伤害，求之不得的伤害。所以，很多时候文艺青年都会选择拒绝。

大多数文艺青年都像《东邪西毒》里的欧阳锋一样——一个人想要不被拒绝，最好的方法就是先拒绝别人。但是，这样真的对吗？虽然你拒绝了别人，却没办法挡住自己内心真正的想法吧！你其实是渴望的吧！不然你干吗要先拒绝别人呢，如果你真的不在乎的话，玩玩好了嘛，干吗一张口就拒绝呢！

因此，先拒绝别人恰恰证明了你内心的需求。

2

我有一个朋友，他的父母一直偏爱他的哥哥，我这个朋友以各种各样的方式想要淡化自己内心渴望得到父母关爱的想法，可是最后他终于发现自己其实是做不到的，他甚至发现自己无论做什么，比如看书写字，学习街舞，或者是在大学期间考取各种证书，在某种程度上都是为了获得父母的关注。可是他越是这样，他爸妈就觉得他不是小时候看到的那样没出息，觉得他可以独立生活，结果也就越不关心他。他说他大学时的生活费都是假期结束后一次性带够的，因为他爸爸觉得他有足够的自制力，可以把这些钱用到期末。

因为这些，他甚至一度想要玩失踪让父母担心一下，可是他最终没有那么做，当然他也没故意做出一些不好的事情让父母来埋单。因为父母对他的这种养成模式，使他有些早熟，不管去什么地方，不管在外面待多久，他都能把自己的生活过得像模像样的，不用别人操心。

可是他内心一直很不舒服，直到后来有一次他哥哥给他打电话，向他吐槽父母对自己管得太严，什么都要管，基本上快要包办他的生活了。

后来他觉得自己的生活也没有那么糟糕，最起码和他哥哥比起来他有自由，还有本事。理智一些来分析的话，他以后的路其实比他哥哥的要好走一些，最起码很多事情他都可以靠自己的本事来摆平。

而且他在努力地接受父母对他不公平这件事情，毕竟他父母也不是神仙，没办法做到真正的公平，又加上他不论上大学还是后来工作都是长年不在家，后来他回家的时候父母对他的关注有时候竟然也超过了对他哥哥。

直到后来他有了女朋友，两个人虽然时常吵吵闹闹，但是也算得上是恩爱有加。他说因为和他女朋友在一起，他感觉到了什么是爱，他愿意原谅父母对他的不公平。况且他父母只是平时关心不到他，一旦有什么事情，父母还是一样会着急上火，一天打八百个电话询问情况。

他说这就够了，他不想再奢求太多，多了就会变成他哥哥，永远活在他父母的手掌心里，得不到自由。

3

上大学时，我们班上有个男文青，他说以前有个姑娘喜欢上他，并且为了他来到这所学校。但是他觉得自己不应该谈恋爱，他觉得自己就应该每天都是一副不食人间烟火的样子，不能流露出任何的感情，否则和那些凡夫俗子有什么区别呢！

为了把自己和凡夫俗子区别开来，他果断拒绝了那个姑娘，并且断了往来。最后两个人连朋友都没得做。

后来我们就毕业了，然后大家都去上班，为了生活奔波。我们几个虽然都留在上大学的城市打拼，但是不住在一起了，要见面也只能趁放假偶尔聚一下，在一起吃个饭。

有一次聚会喝到酒酣耳热，男文青告诉我们他终于后悔了，他想和那个姑娘在一起。我们都很好奇，问他为什么会有这么大的改观，他说有一次他在网上看到一个故事，说一个大学老师被自己的一个女学生暗恋，后来女学生还追到他家里，在楼道里大吵大闹，对师母说："你跟他有家庭，有房子，有孩子，还有过以前那么多幸福快乐的时光，而我，我跟他什么都没有，所以能不能请你每周分出一半的时间让我和他在一起？"

他说他看完这个故事之后，并不是嘲笑那个女学生天真，而是在想那位大学老师的妻子关上门之后会做什么？

是一哭二闹三上吊，还是一边做饭一边揶揄自己的丈夫风采不减当年呢？而那位老师本人呢，其实只当他的学生还是个小女孩，一边听着妻子的揶揄一边坐在沙发上苦笑，也许他曾想过去厨房为妻子打下手，可是被他妻子的一个白眼给吓回去了。可是他心里还是高兴的，不是因为外面有一个女学生在等他，而是他享受那种被妻子揶揄的时刻，他知道妻子的每一个揶揄的字眼里都包含着对他的爱，不然她干吗不收拾行李愤然离家出走呢！

男文青说他也想要这样的幸福时刻，他想有一个人下班之后在家等他，或者他下班之后在家里做好饭，等着另一半回来吃。他希望有个人对他有爱有恨，嘴上喊他“死鬼”，却愿意陪他一起去死；他想和另一个人在柴米油盐中吵吵闹闹，却又像锅碗瓢盆一般最终都会回到自己的位置上，一起走向明天。

这是动人心弦的温暖，与之相比，他之前的那些不食人间烟火的高冷举动简直就是一种做作。他之所以高冷，其实是怕得到之后再失去，而且他不想承受两个人在一起的时候那些可怕的变数，以至于现在仍旧是孤家寡人。

其实，仔细想想，有什么可怕的呢，就算受伤又能怎么样？你待在原地不动，拒绝每一个人投来的善意就真的会好过吗？

拒绝是会上瘾的，你一直决绝下去，就算有一天你遇到一个不想拒绝的人，但是基于决绝的惯性，你还是会拒绝她。

这样的话最终受伤的还是你自己吧！

况且，感情这种东西，只要你活着，就会源源不断地被生产出来，世界上根本就没有彻彻底底的心如死灰。就连拔地成仙做了几千年神仙的三圣母，也会动凡心爱上刘彦昌，想要和他做一对平凡的夫妻。

而文艺青年本就身在凡尘，就靠着几本书和一些大道理就想免俗，简直是笑话！

和文青以外的人做朋友

1

俗话说：鱼找鱼，虾找虾，乌龟配王八。

既然是物以类聚，人以群分，那么文艺青年认识的人自然以文艺青年居多。

那么问题来了，文艺青年本来就是一群不靠谱的人，甚至有人发出“千万别找文艺青年做男朋友或女朋友”的呼声，可见文青的不靠谱早已名声在外。

那么一群文艺青年聚在一起会是什么结果呢？可想而知，结果一定是更不靠谱。本来就都是一群不切实际的人，聚在一起，话题肯定能冲出银河系直指全宇宙。

以前我也交过几个文青朋友，聚在一起的时候话题不是凡·高就是米兰·昆德拉，要么就是国内某某作家节操又掉了，为了钱不惜写一些弱智文章讨好读者。总之文艺青年一旦扎堆，那就没柴米油盐啥事了，哪怕家里中午都开不了火，就等着米下锅呢，你也得让我先把这天给聊顺喽，不然这口气我上不了啊！

可是一旦回到现实中，文艺青年就会显得无比没落，因为没米下锅就是没米下锅，绝不会因为你聊天聊得嗨了就米从天降，这时候文艺青年看到别人都在有条不紊地生活，说没落差是假的，而聊天聊出来的满足感和自豪感也会使落差显得更强烈。

所以对于文艺青年来说，比找同道中人更重要的一件事情是和不同道的人做朋友，比如，会计啊、掼蛋高手啊，他们也许没有文青的才情，但他们绝对比文青更懂得生活。

2

我大学时认识一个朋友，每天醒来要么就去图书馆，要么就去系办公室值班，他去图书馆不是去泡妹子，也不是去看小说，而是去学习，正正经经地去学习，至于去系办公室值班，也是认认真真地在混学生会，他的目标是奖学金，因为奖学金不是成绩好就可以拿的，成绩好只是一方面，另一方面是要人缘好。很久以后他才告诉我，那个时候他就开始接受现实，并且试着融入现实。

对于大多数人来说，大学是不讲究学习的，每个人都抱着六十分万岁、多一分浪费的态度去学习，百分之八十的学生都是一遇考试便通宵，更有甚者连临时抱佛脚这种事都懒得干，考试直接挂科，还美其名曰：没有挂科的大学是不完整的。因为每个人都觉得大学是青春的尾巴，至于学习，高中的时候已经学了太多，现在终于可以放松一下，当然要及时行乐，毕竟大学就那么几年，再不玩过了这个村可就没这个店了。

当时我们都觉得我那朋友太过积极了，要知道这种人在大学里是不太受欢迎的，因为那个时候大家都在逃避现实，很少有人像我那个朋友那样去接受现实。

结果直到大学毕业，我们班上只有他一个人通过了英语六级。我大学学的是国贸，对英语要求是很严格的，四级是毕业的必要条件，六级是充分条件。可是直到快毕业，我们班上还有好几个人没有通过四级考试。

大二的时候我那个朋友专升本去南京读书，后来一直是断断续续地听说他的消息，比如他专升本之后变得更加刻苦，还去考了BEC，会计证也是一次性通过，临毕业前一个月还刷了证券从业资格证。

后来他去面试的时候，那些外贸公司都抢着要他，那些招聘的HR看过他的简历之后都肃然起敬，问他什么时候可以来上班。

当然，他最后没有去那些外贸公司上班，而是去考了银行，在二十多个人中脱颖而出，其中有八个人还是研究生。

直到这个时候，我们才发现他当时的选择是多么睿智，因为我们发现工作不好找，世界并不像我们想象的那个样子，很多公司的HR看了我们薄薄的简历之后的回复都是：我们有需要的时候会联系你的。

人家不需要你，任你有多少大道理也只能窝在肚子里，化作一把无处倾诉的辛酸泪。

怪谁？怪自己呗！青春的尾巴怎么了，了不起啊，有什么可醉生梦死的啊，青春的尾巴又不是人生的尾巴。现在好了吧，青春结束了，你自己一个人吃瘪了吧！

而我那个朋友，尽管外贸公司都抢着要他，可是他却考上了银行，在里面同样混得风生水起，因为人家提前做好了准备，各种证书齐全，典型的复合型人才。

后来有一次我给他打电话，他在电话里跟我絮叨着这个月月底还要去考什么证书，考完了打算去哪里潇洒一番，什么他早就看上了一套衣服，回来发季度奖一定去旗舰店里拿下之类的话。

而我呢，正在一家郊区的小工厂里上班，上六休一工资还往死里低，国庆加班全是无偿的，没处去说理，因为人家是私企，老板最大。我虽然还有咬文嚼字的理想，但是这些都敌不过客户的一个电话，只要客户电话打过来，立马和孙子似的去赔笑脸。

为什么？还不是为了生活！

3

当时我觉得自己有很大的不足，想要考两个证书，结果根本没时间复习，报了名去考，最后也挂了，活生生的浪费钱。还不敢轻易辞职，因为我这份工作都是在被拒绝了无数次之后才获得的，一旦辞掉了就只能回家啃老了。

我那个朋友说：“我知道大学时你们都觉得我现实，可是你现在看看这个社会，就会发现我那时的现实根本就不值一提。我也是喜欢看书想要出去玩的，谁不想浪掷青春啊！可是我知道我那时候出去玩一下耽误的就是未来，所以我不敢停下来。现在我可以放慢速度了，因为我有了一份稳定的工作，收入也还不错，可以让我有时间的时候出去浪一下。那种感觉和大学时代的醉生梦死是不一样的，我现在出去玩一趟，玩的过程中是安心的，因为我不用担心以后的生活，不用想未来在哪里，因为我为自己拼到了一个未来，玩好了回去就可以继续上路，而不用再去找未来的入口在哪里。”

你看，我这个朋友教会了我这么多，是他让我明白了什么叫作来日方长，让我懂得了什么是革命尚未成功，我辈仍需努力。他让我知道了文艺青年不是不可以出去侃大山，只是一定要先准备好下顿饭的米。

每个文艺青年都需要一个不同道的人提醒你生活的存在，因为就算你真的不关心柴米油盐酱醋茶，但是你也真的离不开它们。

Chapter 3 你从未真正到达远方

如果有一天你懂了，你就会知道，真正的远方，原来就是你曾经执意离开的地方。

旅行的意义

1

说到旅行，其实无非就是去外面走一走，看一看，目的有以下几种：

一、逃避现在的生活；

二、想要做一朵自由行走的花；

三、世界那么大，我想去看看；

四、感受自然；

五、寻找方向；

六、寻找自我。

这是最常见的几个旅行的目的，当然也有些人漫无目的，纯粹想要出去转转，这也无可厚非，只要你自给自足，口袋里的钱能够支付旅途开销就可以了。

旅行确实是一种不一样的体验，当然这里指的是一个人有计划地出行，而不是跟着团一大帮子人乌泱泱地跑到景点去拍照。

旅途的目的地往往是陌生的地方、陌生的风景和陌生的人。

人们在旅途中往往会进入另一种状态：头脑变清醒，思绪变得理性而冷静，不再斤斤计较，嘴角时常挂着微笑，遇事变得宽容大气，就像是小说中的上帝视角。

但是千万别以为去过某个地方，小住几天就算了解它了，旅行只能让你更了解自己，逃避了该逃避的、体验了想体验的、见过了朝思暮想的，然后总结出方向，找到一个全新的自我。

总之旅行就像是一场雨，洗刷掉身上的泥土，带回满身的清香。

不过有些人可不这么想。

“青春是一场说走就走的旅行。”

近年来这句话被无数文艺青年拿来当作出行的借口，当下更有愈演愈烈之势。

网上流传着一个故事：说是一哥们儿去福建旅行，口袋里没钱，就穷游，结果去了之后才发现穷游真苦啊！简直是生命中最不能吃的苦，最后他实在受不了，只好向父母撒谎，糊弄到手几千块钱，来了个沿海游，一路拍照片发说说，回到学校以后就觉得自己的青春升华了。

还有些文青，兜里揣着几百块就进藏了，一路上蹭吃蹭喝蹭人家过路的车，蹭得车主都无语了，而他们竟然想这样一路蹭下来，最后蹭到家了花个几百块回请一顿就算了事。人家不带他们吃还给人脸色看，要知道藏地物价本来就高，吃顿饭都是其他地方的几倍价钱。

对此，文青们美其名曰攻略。其实这叫不要脸，有些人回来之后竟然还好意思在网络上大肆炫耀，也不知怎么想的。你是人家什么人就好意思一路蹭吃蹭喝，让你搭个车算是给你脸了，羞耻心都去哪了？

如果旅行是让你骗父母的钱来满足自己的欲望，或者一路上蹭吃蹭喝坚持不要脸，以此来升华你所谓的青春，我看不去也罢！

2

《罗马假日》里有一句经典台词：身体和灵魂，总要有一个在路上。

灵魂在路上其实是很难展露出来的，毕竟我们不能每天剖开自己的心，让别人看看今天都看了些什么。

相比之下，身体在路上就比较容易为人所知，只要我们在路上拍个照，配上一段小清新的话，最后再来个定位，想不让人知道都难。

我想，这应该就是为什么文青们如此疯狂热衷于旅行的原因吧！

反正有大把时光，不如浪费在路上。

总之旅行这件本来挺好的事就这样变质了，很多人看了几本书就当成了文艺指南，为让别人看到我们在路上，为了别虚度青春年华，为了证明我们也是有故事、见过世面的人，大家一起冲啊，出去浪啊，管他口袋里有钱没钱呢！大不了父母埋单，实在不行就来个穷游，苦是苦了点，但回去之后装×的资本就多了呀！我也是实打实的文艺青年了啊！

这是典型的面子工程，如果别人的认可真的那么重要，我们还需要自我干吗？

我不是说别人认可你不重要，只是想要让别人认可你，首先得让你自己认可你自己。

我上大学的时候也想过要出去旅行，但是始终不好意思跟家里开口要钱，有一次自己真的很想出去，就跑出去打工，结果后来自己实在受不了半夜三更地来回跑，只得作罢，老老实实地待在学校里看书，让灵魂在路上行走。

至于那种说走就走的事情，我是真的干不出来，这绝对是对自己以及关心自己的人不负责任。你跑到外地去突然给父母打电话，父母会怎么想？他们一定会以为你出了什么事情，心里慌得要死，赶紧把钱给你打过去，在家提心吊胆地等你报平安。

旅行是需要进行规划的，因为这并不是跟团到处去转转买买，而是要一个人对路上的吃喝拉撒睡以及所有突发状况负责。

我有个大学同学，并非是文青，也没有什么升华青春、诗和远方那种装×的想法。他只是单纯地喜欢看一些不同的风景。他的家庭也并不富裕，但是他从来也没干过先穷游，实在受不了了再打电话问家里要钱、让家长埋单这种丧心病狂的事情。

他每次出去，总是提前一两个月就开始做准备，省吃俭用地存钱，并且在出行前两周开始对当地的状况做一个基本的了解，包括住在哪里比较划算、哪家店的东西好吃又不贵、什么时候去哪个景点比较好玩，以及到当地要注意些什么，事无巨细，统统提前做好准备。

后来他告诉我说，由于提前准备得比较充足，过去之后基本上没有遇见什么突发状况，而且每次都是按照事先的计划走完全程。口袋里的钱虽然不多，但是每次都刚好够用，既不用在旅途中打电话麻烦家里人，也不用回到学校之后委屈自己天天吃泡面。

说了可能你都不相信，他大学毕业的时候去青海转了一圈，攻略是早早就做好的，结果一趟下来才花三千块，而且还长了不少见识。

旅途是让人成长的，在旅途中，我们会认识一些不同的人，看一些不同的风景，走一段陌生的路，并且从中找到自己。

同时，旅行也是美好的，不要因为你的某些行为，让大家觉得旅行是一件不靠谱的事情。也别因为你的铺张和装×，让大家觉得旅行这么一件清静的事情和一大波人跟着导游乌泱泱地跑来跑去拍照片以及花钱买买买画上等号。

旅行和旅游，真的是两码事。

如果你连这一点都不懂的话，我建议你还是应该多让灵魂在路上行走一段时间。

没有桃花源（上）

1

大多数文艺青年都想找个世外桃源，然后在那里开心快乐地玩耍。

其实仔细想想，这样的地方谁不想要呢，难道普通青年就不想找这样一个地方吗？一个没有污染、没有拥挤、没有噪音、欲望清零，能将身心彻底放松的地方。

可是这一切都只是我们的幻想，那些我们心目中的桃花源有它的困难之处，而且困难的难度比都市生活中的难度更大。

明明在都市生活里不值一提的小事，到了这里都变成费尽周折才能解决的大问题。

别说你只是去享受当地世外桃源般的清静，其他的一概不管。其实清静也是相对的，在纷繁的都市里你想要清静的生活，但等真到了那种清净得连树叶落地都听得见的地方，你就知道都市的热闹是多惹人喜爱了。

城市生活有时候是有些令人讨厌，但是它也给你带来了无穷无尽的方便快捷，帮你节省了很多时间。我可以以过来人的经历肯定地说，如果有一天你真的去了鸟不拉屎的偏远地区享受清静，用不了多久你就会怀念城市里的生活。

因为你想象中的世外桃源都只存在于你的想象中，没去之前你只想到了它的美好，如果你提前领略到它的缺点，打死你都不会去的。

你别不相信，这样的地方我去过，当地的生活我也领略过。

2

托安妮宝贝的福，大学毕业工作半年之后我真的去支教了，地点是西北地区一个偏远的小山村里。

那里真的是很偏僻的一个地方，一天只有一班出去的班车，早晨出去，中午回来。村子里有个很小的商店，真的很小，就算你把店里所有的东西都买上一遍也用不了很多钱。

一开始的时候我觉得这样挺好的。一个人，远离都市的喧嚣，不用再担心上班迟到，不用再纠结房租、水电费，每天早晨都是鸟儿叫你起床，一出门就能看见山。最关键的是那群孩子，他们在农业文明下成长，天真得就像一张白纸，教完第一堂课之后，我觉得自己整个人都融化了。

这就是我想要的文艺的生活啊，与世无争，从容安静！

但是很快我就发现，实际情况和自己事先预想的有出入。

当然，这并不是说我预想的情况都没有出现，相反的，我所预想的情况都一一出现了，但是与此同时，一些别的情况也出现了。

首先，就是语言方面的障碍。

我是东北人，我这辈子方言最严重的时候也就是把“什么”说成了“啥”，把“我们”说成了“俺们”，而且在我上大学之后已经彻底地进化成只要一出家门就自动切换成普通话模式了。

所以当我第一次上课时听见学生们“*l*”和“n”不分，以及大多数老师和学生的方言严重到需要翻译的时候，我的内心是崩溃的。

其次快要把我逼疯的是山。那里的山其实并不高，但是多，放眼望去，四周全都是连绵不绝的山峦，出门走不超过两百米的路就能上山。我去的时候还没到春天，山上光秃秃的，除了黄土就是几棵还没发芽的榆树，活像一个发了福的“地中海秃”的中年男人，看得人心里都寸草不生。没课的时候我望着那些山，就会有一种前所未有的压迫感，压得人喘不过气来，我觉得自己可能走不出这块群山环绕的方寸之地了。

当然，最严重的还是饮食问题，由于事先准备不足，我到这里之后才发现原来当地的人非常热衷于面食。

热衷到什么地步呢？就像我们热衷于吃米饭一样，只要主餐不是面条他们就觉得自己没吃饭。学校给的做饭用具里都没有电饭锅，第一周的时候我只好顿顿吃面条，因为村子里以及到离村子不远的集市上都买不到电饭锅，要买只能去县城里。

这样的困难，没人想到过吧！要是在城市里，下个楼就买了，十分钟都用不上，可在这里却偏偏要等上一个星期。

听起来多荒谬啊！

可是在这里，这就是现实，让你无能为力的现实！

3

基于凡此种种，我开始问自己：我为什么要来支教？

从前没来的时候我觉得这是理想，这是人生中必须要做的一件事。但是来了之后我只觉得自己脑袋有病，要不是脑袋秀逗了，怎么可能放着外面的花花世界不逛，跑到这里来教书。

为了缓解这种绝望感，每天下课后我都会煲电话粥，少则半个小时，多则几个小时，打给一切能打的人，打给任何一个接我电话的人。我把这种感觉给每个愿意接我电话的人都阐述一遍，说得多了我自己都受不了了，当时我觉得自己简直都快成祥林嫂了。

“我不能再这样下去了！”意识到自己状态的失控后，我这样告诉自己。

于是我决定拨最后一通电话，是打给我哥的。以前我给家人打电话一向都是报喜不报忧的，但这次要破例了。

那次我原本决定在电话里大哭一场。虽然已经很多年没流过眼泪了，但我小时候是个爱哭鬼，所以我一直都记得哭过之后的感觉，那种感觉就是无论之前你是因为什么事情哭的，哭过之后那件事情都不值一提了。我把具体情况跟我哥一说，然后就扯着嗓子准备号啕大哭，不过并没有成功——听我巴拉巴拉地说了两个小时之后，我哥依然觉得这确实是一件不值一提的事情。

他在电话那头说：“好了，收起你文艺青年的小情绪吧！你肯定一下课就把自己关在宿舍里，对不对？你要多跟别人交流，没事的时候多去找学校的老师喝喝酒、喝喝茶、抽抽烟、抽抽风，说不定半年之后你都不想回来了。”一通巴拉巴拉之后还问我，“你是不是钱花光了？”

后来我也只能既来之则安之，毕竟支教不是一件说来就来说走就走的事情，再怎么难也得对自己的选择负起责任来。

4

说真的，除非你是个胖子，并且迫切地想要减肥，否则就别再做这种世外桃源的美梦了。

尤其是文艺青年们，你在自己家里躺在床上做做梦没关系，真的来了是一定会后悔的。

别说那些什么“年轻就是要吃苦受罪，就是要接受锻炼”的话，你想吃苦，城市里有的是苦让你吃，你上班的时候去得罪一下自己的上司，保证你吃不了兜着走；你想要锻炼，麻烦你每天早晨按时起床去锻炼。

因为这些艰难困苦在你原本的生活里是不值一提的。

你干吗非要跑这么远，来吃那种本来不该吃的苦，受不该受的罪。

那些艰难、无助以及深深的绝望真的不足为外人道也，因为说了你也理解不了，甚至还会觉得十分可笑。

所以，别以为世界上真的有世外桃源，你在一个地方待久了，就算它空气再清新、阳光再充足你也会讨厌它的，因为那个地方的某些让你为难的事情会让你忽略掉它的美好。

哪里都是一样的，翻过这座山还有下一座山，而且下一座山可能更陡峭，更难翻。

而最可笑的莫过于，那座更陡峭的山其实跟你没关系，你还非要头脑发热地去爬。明明是个有鞋穿的人，为什么要自己脱了鞋光脚走路呢？

难道就为了扎一下脚吗？

没有桃花源（下）

1

支教一个月后，身体早已适应了当地的生活，不适应的是心理。

很难想象你听不懂当地方言的时候有些当地人也听不懂你的普通话。

——说实话，我一直很好奇，他们平时是怎么看电视的。

更难想象当地人蒸的馍馍在没有冰箱的情况下可以坚持放两个多月不坏。

——我一个同事去学生家家访吃过那种馍馍之后一直觉得怪怪的。

首先声明一下，这绝对不是歧视，而是对一种超出我认知范畴的常识的不理解，俗称少见多怪！

最令人难以想象的是当地人的生育观念，还停留在多生孩子多种树的年代。

我去学生家里家访过几次，跟他们一起走在回家的路上的时候，总能后知后觉地在队伍里发现原来xx是yy的弟弟，bb是cc和dd的姐姐。惊愕之余赶紧补上一句，家里还有兄弟姐妹吗?

很多时候得到的都是肯定的回答。

除了几个学生家里由于条件特殊，比如父母结婚比较晚或者由于父母的身体原因所以才只生了一个小孩，而且不管什么特殊的原因都必须加上一个必要的条件——就是他们家现有的那一个小孩的染色体是XY，其余家庭一般都是三到五个孩子不等。

不知道为什么当地人对儿子有着谜之喜爱，只要没有儿子，他们就会不顾一切地生下去，直到生出儿子为止。

公益社的人下乡来做家庭走访的同事告诉我，当地人认为无论如何要让自己家庭的姓氏延续下去，而女儿是不具备这个条件的。

对，这是最典型的重男轻女!

男女平等都多少年了，谁能想到这种偏见还存在于这个与世隔绝的小山村里。

2

我见过的小孩最多的家庭有七个小孩，无一例外都是女儿，所以一对刚过三十的夫妻至今还在努力着，想要生一个儿子。

他们家有三个小孩都是我的学生，我去他们家家访的时候明显感觉到他们的条件相比村子里其他人家要差很多。当时一进门，看到他们家里还有两个一岁多的小女孩，也就不感到奇怪了，明显是孩子太多拉低了生活水平。听说他们的两个大女儿已经上初中了。

人把时间花在什么地方是看得出来的，你生了那么多孩子，哪里还有空去赚钱啊，更何况养小孩也要花很多的时间和精力。

虽然说有钱就富养，没钱就穷养，可是该给的你总要给孩子吧！衣服可以穿旧的，玩具可以玩剩下的，可是吃喝拉撒睡这种东西是不能传承和替代的吧！姐姐吃得再饱，也替代不了妹妹腹中的饥饿感不是吗？当然，他们家温饱还是有保证的，无法满足的是小孩精神上的需求。

我是个很无聊的人，听说他们家里有姐妹七个的时候，第一反应是：这么多孩子，户口怎么办？

他们家里最小的孩子也快两岁了，也就是说最后一个孩子也是在二胎开放之前出生的，先抛开怎么养的问题，孩子刚出生的时候，在计划生育的背景下，名分的问题怎么解决？

而且，这样对孩子来说是非常不公平的。没生出来儿子条件已经非常艰苦了，一旦生出来儿子就不是艰苦的问题了，而是在儿子前面生的所有女儿全都会变成炮灰——她们可能读完中学就要辍学，出去打工供养家里面的小弟弟。

我听在另一个学校支教的同事说，他所在的学校有个“富二代”男孩子，每天带着很多零食来上课，最夸张的是有一次竟然带着智能手机到学校来玩游戏。

他家里的条件之所以这么好，就是因为他上面有五个姐姐在外面打工。每个月都会寄钱回来，他还有个六姐在二年级读书，但待遇和他完全是天差地别。

传宗接代，是中国人承袭了几千年的思想观念，至今还在人们的脑子里作祟，很多时候，妻子怀孕了，明明不知道孩子的性别，但丈夫还是会下意识地念叨着：我儿子……

唯一的区别是，很多人就算生了女儿，也会欣然接受。

但是在落后的地方，这种观念比较根深蒂固，生不出儿子就会一直生下去。

以前在网上看到讨论帖，说没钱的人就不要生小孩，生了自己养不起，也养不好，给社会造成负担。

这是从社会角度来阐述生育问题的。

但是，生育其实是人类自然性的体现。

越是落后的地方，人们的观念就是要越多生孩子，而且一定要有儿子，不然就好像低人一等一样。他们不会考虑养不养得起的问题，而是先生了再说，大不了就是全家人一起喝粥，还能怎么样？

他们也去过外面，去过城市里，见过只生一个孩子的夫妇，但只要他们回到自己的家里，他们还是觉得要多生几个才安心。

这里的社会环境，由于没有城市里那么多过夜生活的消遣的地方，也增加了他们生孩子的概率。

套用韩寒的一句话，文明程度越高生孩子越克制，反之，落后地区就生得比较放肆。

3

如果这个地方是完全闭塞，与外界没有一点联系的话，倒也算得上是一个优美的世外桃源。可是他们并不能完全脱离外面的世界，他们希望他们的小孩有一天能走出这座大山，赚很多钱，过好日子。

可是他们的生育观念又导致了他们根本没办法养得起那么多小孩，外界高昂的消费令他们望而却步。这里的小孩走出大山要比其他地方的小孩花上更多的努力，还有可能因为经济原因而以失败告终。

在现在的社会条件下，养好一个小孩的成本已经很高，如果家里有两个小孩，基本上做父母的就要连一点点的私生活都没有了。而当地人生了那么多小孩，哪还有什么私生活和精神生活，每天早晨一睁眼想到的就是怎样去赚钱，不然这么多孩子怎么办！

所以，这个世界上是没有所谓的桃花源的，也不会有不足为外人道也的事情发生。

因为落后地区的人们十分迫切地需要外界的帮助。

你没见过真正的艰难困苦

1

文艺青年崇尚多吃苦、多受罪，以此使自己历尽沧桑。但是事实上你没见过真正的艰难困苦，就算你去了很贫穷的地方去支教，你做不到真正的感同身受，因为当你受不了的时候，你随时可以将自己抽离出来，不去吃苦。说白了就是你有钱，即使在贫困地区也能把生活水平拉到城市的水平线上。

别急着否认，我支过教，我过过那样的生活。每当我受不了农村艰苦的条件时就会趁放假跑到县城里去开荤，我想这个水平当地人是达不到的吧！他们早就受够了那种贫瘠的生活，可是他们对此无能为力，只能一日一日地重复过下去，很难从本质上去改变它。

我去家访过一个学生，他们家离学校很近，出了门转个弯就到，但我还是很紧张，因为校长告诉我说可以不用去他们家家访，我问为什么。

校长只回答我一个字：穷！

穷，条件不好——学生的母亲是聋哑人，家徒四壁一贫如洗。有钱人的生活可能各有各的特色，但是没钱人的生活都是一个样子的：面黄肌瘦，衣衫褴褛，到处都破败得不成样子。对，就是这样的，不必亲眼所见，完全可以想象得出来，所以校长才觉得我不去也没关系。

学生家就在学校后面，很短的一段路，一路上我都在想见了学生的家长该说什么，他家长好不好相处，等下万一留吃饭我要怎么拒绝。

还没想完，学生家就到了。

院子很大，最先看见的是一排土房子，半人高的铁栅栏里圈着两三只山羊，再往里养着一头猪，最里面一间放着半屋子干草，院子东边的空地上码着一个高高的草堆。

穿过院子，上了七八阶台阶之后，有一个相对整洁的小院落。

首先出来的是一个中年女人，身材瘦小，面色枯黄，看见我就一个劲地打手势。我知道她是学生的妈妈，就一边打手势一边试探性地跟她讲了几句话，然后学生父亲就出来了。

那是一个黑瘦的中年男人，穿着一身黑，上面有星星点点的白色，仔细看会发现是衣服里跑出来的棉絮，头上戴着一顶极不相称的白帽子，看起来有些滑稽。

看到我在竭尽所能地想要和他老婆沟通，男人有些不好意思地说：“她是残疾人，不会讲话也听不见，又聋又哑，来来来，老师快进屋里坐。”

我不知道该怎么描述他们家屋子里面的状况。

因为并没有什么可说的，屋子很简陋，地面是踩硬了的泥土，墙上贴着十几年前就过时的年画，地上有一只没生火的炉子，整个屋子里最值钱的大概就是那台清晰度不高的彩电了。

把我领进屋男人就不见了，我实在没办法，只好硬着头皮和学生的奶奶聊了一会儿。

学生奶奶的方言很重，我根本就理解不了她说的是什么，只能点点头。

还好我没什么大的问题，只是说学生马上要上一年级了，希望现在一年级上课的时候可以跟着听一点。因为我教书的学校一年级只有三个学生，学前班和一年级在同一间教室。

然后我就起身告辞，这时学生爸爸从外面回来了，手里拿着一个蓝色的盒子，是烟。

那种烟我在学校里见校长和其他老师抽过，十八块钱一盒。

我当时觉得挺不好意思的，家访一次都要让学生家长破费，尤其是看过他们家的条件之后，我好几次都差点脱口让学生爸爸把烟去小卖部退掉。但是我没有说，穷归穷，人家也是有尊严的。

2

我一直比较关注那个学生，因为后来我陆陆续续去了很多学生的家里家访，发现他们家就算是在村里也是属于条件比较差的那种。因为村子里条件稍微好一点的人家也开始修一些砖砌的瓦房，但是他们家还是以前的土房子。

恕我眼拙，我是在很久以后才发现那个学生其实连一身像样点儿的衣服都没有，他就那么几件破破烂烂的衣服，来来回回地穿，已经穿得变色，很多地方也都破了，而且那种样式看起来像是不到上学年纪的小孩子才会穿的，村里其他小孩家里不管条件怎么样，来上学的时候最起码都穿得像模像样的。

后来我就一直想照顾那个学生一下，好几次都告诉他放学之后可以来我宿舍玩，可是他一直不来。有一次放假，我叫一个一年级的学生来我宿舍有事，让那个一年级的学生去叫他，他才来的。

那时候刚好赶上过节，我前一天去县里的时候买了几盒酸奶回来。

然后分给那两个学生喝，结果那个学生拿到之后就开始狼吞虎咽起来。我猜可能是他以前没喝过，叫他慢慢喝，结果他喝完了都不肯扔，一直拿着个空盒子不肯放手。我实在是于心不忍，就把最后一盒也拿给他了，他接过去，连动画片都顾不上看，专心致志地喝酸奶，一口气不喘地连喝两盒。

说真的，那天我看得很心酸，你可以说我矫情说我圣母，说我拿自己的优越感来和他们的贫穷进行对比，可是我见到的贫穷是真的。

难道他爸爸不想让他过上好日子，让他每天吃好的、穿好的、玩好的吗？

他想，可是他做不到，在那个贫瘠的地方他找不到挣钱的路子——家里上有八十老母亲，下有六岁的幼子，他根本不可能出去打工，把他们交给他的聋哑老婆照顾，他不放心！

反正我不敢想他们的以后，虽然他们一定能过下去，可能只是穷一点，苦一点，但就是那些贫穷和艰苦让我不敢想象。

他们已经这样了，他们的生活是经不起一点波折的，我听别人说有些小孩子提前来上学就是因为学校能吃到免费的营养早餐，因为平时他们在家里是不吃早饭的。

客观而不矫情地说，我来支教一次，也许最重要的意义就是提醒我人生要努力，要竭尽所能地将自己的能力发挥到极限，去追求高品质的生活。

文艺青年们提倡吃苦其实是没错的，但是要清楚一点，你现在吃苦是为了让自己的以后不苦，你一个人苦当然没关系，但是你舍得让家人陪你一起苦吗？你舍得让老婆孩子陪你吃糠咽菜吗？

也许他们愿意，但是你不感到愧疚吗？

因为你本来可以让他们过上更好的生活。哪有那么多不得不做的事情，哪有那么多说走就走的旅行，你体验过真正的艰难困苦，一定会夹着尾巴乖乖地回去上班，踏踏实实地赚钱，努力过好以后的每一天。

你看我，多卑鄙多无耻，还拿他们的贫穷来赚稿费！

浅谈一种可预见的人生

1

人生是可以预见的，一个人的行为模式和对事物的偏好会造就他以后的人生，就算中间会发生什么转折，只要他的行为模式和偏好不发生改变，那么很快就会被打回原形。

所以文艺青年如果不从根本上改变自己的话，或者不找到一条像样点的谋生之路的话，那么等你变成文艺中年或者文艺老年的时候，生活之凄惨可以想见。

别看你现在能凭着泛泛而谈的大道理骗到几个小姑娘，如果你一直这样下去，那么你很快就会成为孤家寡人。不是姑娘不爱你，只是她们尊重现实，遵循生存的法则。

很多事情都是这样，你没法改变它们，只能试着去改变你自己。

我支教的时候，有个老师经常一下课就到我办公室里来，他每次都一进来就坐在沙发上，也不说什么，只是一个劲儿地抽烟。

后来我从其他老师那里知道，他家里有两个小孩正在读高三，老婆在县城里陪读，家里全靠他一个人操持，他既要种地又要上课，还要料理家中的其他琐事，同时还得把自己给经营好了。

说实话，他把自己经营得相当不好，人已经瘦得不成样子，晒得又黑，看起来不像是老师，倒有点儿像是挖煤的。

有一次我听见他跟其他老师聊天，他狠狠地吸了一口烟，说："两个小孩一起考大学，考上了开学最少也得拿走三万块钱，这个钱从哪来呢？"

说到这里你可能会觉得奇怪，他毕竟也是个老师嘛，教书教了二十几年，怎么也用不上为三万块钱发愁啊！

他是老师没错，不过不是正式老师，而是民办教师——就是那种没有编制的老师。他虽然来上课，但是工资却没有正式的有编制的老师多，我听说他一个月只有两百块钱的工资，就是一个代课老师的代课费。

他考编制考了好多年，但是一直没有成功过，每次不是差一分就是差两分。

也许你会问，他家不是种地嘛，这笔学费可以从地里出啊！

怎么说呢，在我支教的那个地方，当地人种地基本上都是为了自家吃的，他们在地里种土豆、大豆、玉米和麦子，一年到秋，打下来的粮食基本上只够自己家吃的，就算有一部分能拿出来卖掉，可是卖掉的那部分连种地的本钱都换不回来，就更别提盈利了。

由于教学挣的钱少，加上平时地里和家里的活实在太忙，所以有时来学校上课会迟到，而且教学质量也十分堪忧。

但他还是坚持来教，有的时候课都上了一半了他才灰头土脸地闯进教室里，这样的事情发生得多了，弄得校长对他也颇有微词，但也不好说什么，毕竟一个月就两百块钱，养不活人家全家呀！

其实，不论在什么地方，如果一个月只赚两百块钱，那么这个钱连鸡肋都算不上，基本上想都不用想就可以弃之不用。

而那个老师之所以能一直坚持教下去，我想这可能是他的理想吧！

2

我支教接近尾声的时候，那个老师的两个小孩高考结束了，成绩不是很理想，都是属于刚上线的那种。所以那个老师考虑让其中一个差一点的去复读。这其实很麻烦，属于前有狼后有虎的那种，上大学要花钱，去复读同样要钱。

当时我们学校正在装修，后来有一天早晨我去上课的时候，看到那个老师和他儿子在房顶上揭瓦，我猜他们可能揽下了拆房子的活，想要赚点外快吧！

后来我跟学校一个女老师聊天的时候聊到那个老师，我就问："现在高三的学生已经放假了，那他（那个老师）老婆应该也回家了吧，最起码每天有人给他做饭吃，不需要那么辛苦了。"

女老师摆摆手，用生硬的普通话跟我说："什么呀，他老婆在县城里呢，根本就没回来，现在家里只有他和两个孩子。"

我很诧异，就问："学生都放假了，他老婆也不用陪读了，不回家在县城里干吗？"

女老师说："一到放假的时候他老婆就留在县城里打工。"

我很诧异，实在想不通他老婆为什么要这样，因为据我所知他两个小孩平时要钱还是管那个老师伸手的次数多，而他老婆就算留在县里打工也根本就赚不到什么钱。

后来那个女老师又告诉我说，去年冬天他在地里扛玉米回家累得晕倒了，还是校长和另一个男老师去地里把他抬回去，又叫车把他送到医院里去的。而他老婆得知他晕倒在地里之后，只是回来叫人把玉米弄回家去，然后就又走了，根本没有去医院看他。就连那年过年他老婆都不愿意回家，还是那个老师打电话跟她说"你现在都不回来，过了年回来有什么意思呢"，他老婆才勉强回了家，也没待上几天，过了初六就走了。

听说我们校长就曾经骂过那个老师的老婆——女人不在家，算什么东西啊！

其实很难说谁对谁错，或许根本就没有对错。

只是，他们的生活过不下去了。周围的人一提起那个老师，都竖起大拇指说他有知识有能力，但说完又会补上一句：但是可怜啊，就是时运不济！

这样说来，那个老师就是一个典型的文艺中年啊，教书是他的理想，就算转不了正，钱再少他也不愿意放弃。

也许当年他老婆选择嫁给他的时候，也是看中了他的才华的，但是那个老师的才华却并没有让他们过上好日子。于是，女人的信心就在他一次次的考试失利中被消磨殆尽，再也没有一丝丝的热情。

那个老师前一段时间还让我帮他在网上查询了今年民办教师转正的信息，但很可惜的是，今年当地教育局并没有组织这种考试，所以他再一次失去了机会。很难说他还会不会有下一次的机会，就算有，他拖着自己疲惫的身体去和那些大学刚毕业的应届毕业生去竞争，他又有多少考取的机会呢！

这样的人生简直就是悲哀，可这种悲哀却是自己造成的，最后也只能由自己埋单。

一个形单影只的中年男人，整日一个人在家里进进出出，事事都要亲力亲为，到了还要独自晚上青灯冷灶，连个说话的人都没有，他该如何熬过漫漫长夜呢！

大多数文艺青年年轻时，或许都曾深陷其中，并且自得其乐，但是随着时间的推移，这个陷阱最终会露出原形，但那个时候再醒悟，你已经很难跳出来了。

但愿每一个文艺青年都努力而且上进，早一点学会把自己的满腹才学换成看得见、摸得着、在生活为难的时候可以用得上的东西，别走上那个老师的路。

因为那样的路，真的很辛苦！

你以为的“流浪”

1

文艺青年都向往流浪，一个人一个包，随便一条公路，没有方向，没有明天，只有风景，只有理想，不管兜里有没有钱，都想走出一个地老天荒。

这是一件多浪漫的事情啊，世界上简直没有比这更好的事情了。不是说身体和灵魂总有一个要在路上嘛，相信大多数文青都想身体在路上吧！因为路上的事总比书中的美好、真实，并且可触碰，而且代入感超强。

试想一下，一个风尘仆仆的文艺青年在深夜里来到一个小镇上的一家小旅店里，老板百无聊赖地坐在昏黄的灯光下，却因为这个陌生客人的到来而精神一振，热情地招呼他。休息两天之后，文青体力恢复了，在夜里和老板谈天说地，谈一路上的见闻。老板也向文青倾诉自己半生的经历，两个人彻夜长谈，微风吹过文青不羁的脸庞，他在天边温柔的鱼肚白中沉沉睡去。

没有比这更文艺的事了吧！

可是，事实上呢，做这些事情是要付出代价的。一个人在旅途中被劫财劫色的概率是很大的，这就是为什么大多数女孩子的父母不希望她们远行的最大原因。

我有个女同学，在我们当地念的大学，毕业之后她去当地一家公司上班，公司的总部在我们那边，可是工厂却在邻市的乡下，上班之前公司要求先去工厂熟悉一下情况。然后她就过去了，结果她妈妈担心得整晚睡不着觉。不过是邻市的乡下，都用不着坐火车，坐汽车两三个小时就到了，可是她妈妈却还担心成这样，要是她漫无目的地跑出去流浪，估计她妈得当场休克。当然，从性别方面来讲，男文青会比较好一点，因为一般情况下他们只有被劫财的顾虑，就算被劫色的话可能也会主动迎合对方。所以，如果一个在路途中的男文青身无分文的话，那么应该不会有什么威胁到生命的事情发生在他身上。

当然，这是玩笑话，只是从性别上来说男孩子比女孩子更适合流浪。但是你有没有想过，你一直在路上，你确定自己每到一个新的地方都能适应当地的水土吗？不适应你找得到医院吗？万一你生病住院了，谁来照顾你呢？

这些都是问题。当然还有一个最大的问题，就是你在路上过着居无定所的生活的话，你是不能工作的，那么你在路上的开销谁来负责呢？别跟我说你是伸手问爸妈要的，你好意思吗？拿着爸妈的钱去做这些事情，你不脸红吗？

说到自己负担旅途中的费用，你吃得了那种苦吗？别说你自己可以提前存钱，说实话，有流浪想法的文青基本上是不会赚钱的。况且就算你存了钱，也不一定够，你拿已经存下的一个死的数字去应对未知的生活，基本上是不会周全的。人家朝九晚五的上班族从不迟到早退，钱还一直不够用呢，何况你从上路开始就没有收入了。

千万别相信在路上全是风景和彩虹的鬼话，所谓的照片为证也只是他们只发了自己开心的时候的事情，甚至更多的时候都是摆拍的。

2

以前我在网上看到过一对夫妻辞职之后去流浪的故事。对，他们算得上是流浪了。好几年的时间里他们一直都在路上，根本没有停下来过。

他们确实经历过一些令人愉快的事情，比如在海边做瑜伽、在夕阳下散步、在森林里打坐。他们把这些拍下来，发到网上，照片吸引了很多人的关注，大家都很羡慕他们的生活。

可是后来在他们自己的剖白中大家才知道，他们的旅途中发生的并非全是那些令人向往的事情。有时候他们会在深夜里到达一个小镇，镇上一片漆黑，根本没有什么营业到凌晨一两点的旅馆，他们只好在外面露宿一夜。当然，钱不够用的时候是家常便饭，为此他们经常要做一些你想象不到的工作，比如洗厕所啊，帮别人的宠物铲屎啊，去马厩里洗马啊，总之都是一些很辛苦的工作，比他们原来的工作环境要差很多，工资水平也不能一概而论，要根据具体情况来确定。

那对夫妇说，想着一路上的美好，能让他们去忍受那些不美好的事情，所以他们愿意一直“流浪”下去。

不过，文艺青年们，你想好了吗？你确定这样的“流浪”是你想要的生活吗？

况且，还有最重要的一点，一个人一直在路上，其实是与社会脱节的一种表现。你确实能看到很多风景，但是同样也会错过很多东西。

当你不上班的时候，社会保障制度对你是不起作用的，一旦你生病，就只能流水一样地花钱，一分钱都报不掉。

你想过吗？

还有，每当你到达一个新的地方的时候，你得想办法适应当地的饮食以及生活习惯，到一些少数民族聚居的地方要更加严谨，因为很可能一不小心就会触犯当地的禁忌。

其实旅途中我们更要注意自己的身体状况，然而旅途中的人却一直不停地出发，不停地到达新的地方。时间一长，身体肯定会吃不消的，最显著的表现就是一个人一直在路上就会一直消瘦下去。因为在路上的时候你是没有放松的时间的，你每时每刻都要打起精神，因为你不知道接下来会遇见什么。

所以说，流浪并不是你想象中那么简单的一件事情。你能看到的只是朋友圈里的一张张令人神往的美好照片，你可知道拍照的人在路上吃了多少苦头吗？

醒醒吧，这些东西在照片里是看不到的！

3

我一个大学同学从来不去旅行，不是他经济上有问题，而是他觉得他所在的那座城市就够他钻研的了。他说，上下班每天总是沿着同一条路来回走，但其实，那座城市那么大，他还有很多地方都没去过。

我说怎么可能，我就来了几次，好玩的地方都去过了呀！

他反问道："你认识这里的每一条路吗？你知道哪条街上的小吃最正宗吗？你知道除了市中心以外还有哪里美女多吗？"

问得我目瞪口呆。说实话我是真的不知道，我来了好几次都是他带我出去玩的，如果没有他就算在市中心我也会迷路，而且我也只去过那座城市里"好玩儿"的地方。后来想了想，我在扬州上了四年大学，直到毕业都听不懂当地的方言，更别说了解当地人的生活习惯了。

我那个同学说得对，每一座城市里有你走不完的路，看不完的风景，而你竟然还傻 ×一样地想要跑到别的地方去，真是可笑！

所以，文青们，你以为你为的流浪就是你以为的那个样子吗？有时候你不该上路，有时候你不该停下，更多的时候，你要管好自己的双脚，别让它们带着你的身体一直乱走。

Chapter 4 文艺青年这种病，得治

不会总是赶路时阴天，休息时下雨，你没办法掌控天气，只好不断地提醒自己，别走上岔路，要及时赶到下一个目的地。

从喝咖啡开始的文青之路

1

在百度里看到这样一个问题：如何成为一个文艺青年？

下面的回答是：你要让周身弥漫着一种文艺的气质，先从气味入手，你要喝咖啡，喝到咖啡取代你的体味为止。切记不能喝茶，喝茶的是文人，不是文青。

看到这个有些想笑，第一，笔者忽略了咖啡的功能；第二，笔者高估了咖啡的实力。诚如笔者所言，某些文青因为咖啡喝多了就觉得自己身上有了文艺的气息，这样的文青被人讨厌真的是再正常不过了。

就是因为这些觉得做了某一件事情之后就可以变成文艺青年的人的存在，才使“文艺”二字变得越来越廉价。

你咖啡喝多了就是文艺青年了，那满大街喝咖啡的人岂不都是文艺青年？公司里格子间的人每天都顶着一张睡眠不足的脸出现在办公室里，然后去茶水间泡上一杯特浓的咖啡，他们是不是文艺至死啊！

况且，咖啡不过就是提神的饮料，功效和红牛差不多吧！一个人不停地喝咖啡，除了睡不着觉之外应该没什么别的好处了吧！

讲真，我还真没见过有人喝咖啡喝着喝着身上就有文艺气息了。我大学时有个室友，从一开始就很拼，参加各种各样的考试，拿各种各样的证书，为了获得这些，他每天都要喝掉很多咖啡，时间一久，他身上倒是有了咖啡的气味了，可是看到他考下来的什么全国计算机二级、BEC中级以及会计从业资格证，我是真的没觉得他身上有文艺气息。后来大学毕业之后他倒是真的做了一件很文艺的事情，就是在他们公司搞年会的时候写了一首诗来赞扬他们公司以及他的领导，莫非你觉得这样就文艺了，这就是文艺青年了？

人家就是一实打实的普通青年，连他自己都不承认自己是文青，就算是毕业了，他喝的咖啡升级了，从速溶咖啡换到星巴克了，他还是在参加各种各样的考试，银行从业、证券从业、会计初级考试，书倒是看了不少，但是这是文艺吗？这是情调吗？

一个喜欢喝咖啡的人之所以会成为文艺青年，一定是因为他身上具备其他成为文青的特质，比如喜欢看书、喜欢思考、为人低调、下班回家后可以沉浸在自己的世界中，这才像话嘛！

所以咖啡喝多了，身上会有咖啡的气味，但亲爱的，那并不是文艺的气息。

2

成为一个有内涵、有想法，对生活有独特见解，人见人爱、不招人烦的文青是没有所谓的攻略的，你只能默默地做自己喜欢的事情，心无旁骛地看书、心无旁骛地写作或者等存够了钱之后一个人悠然自得地上路，有计划地来一次别人口中说走就走的旅行。

当然，为了文艺而文艺，为了成为一个文艺青年而去做文艺青年们常做的事情还是有迹可循的，都21世纪了，各种攻略网上一大堆，成为一个文艺青年的攻略更是数不胜数。

就像上面说的一样，先在自己身上弄出点文艺气味来，然后再去图书馆里借一些文艺书籍回来，不想看书没关系，也不用你全看完，你看下简介就可以了，只要知道故事的大体走向就OK了，毕竟没有多少人会像你的中学语文老师一样，课文动不动就要求全篇背诵。

然后找四十五度角仰望天空，拍下蓝天白云和你那张大脸，再配上几句悲春伤秋的文字。

哦，对不起，忘了告诉你文青穿什么衣服了，这个你得好好看看安妮宝贝的书，她书里会教你穿白衬衫、脏球鞋，很随意地出街，不用在乎别人的看法。

然后你就去一些文艺青年常去的地方就可以，有钱的话就西藏、大理、凤凰到处浪一下，没钱的话怎么也得去一下郊区的树林和麦田。

最后，你只需要把这些东西发朋友圈，然后各种扩散就好了，用不了几天周围的人就都知道你是文艺青年、你文艺气息爆棚了。

可是我想问一下，这样有什么意义呢？

是就是不是就不是，干吗非要假装自己是文艺青年呢？有什么好处吗？会有人因为你看起来像个文艺青年就发糖给你吃吗？

按照现在的趋势来看，不仅没有糖，别人听说你是文艺青年之后还会嗤之以鼻，各种挖苦你，结果你还可能因为“文艺青年”这个标签而做一辈子的单身狗。何必呢！何苦呢！

3

我相信每一个真正的文青都不会刻意地去成为文青。

对，这都是意外，某人恰好喜欢看书，久而久之成了文艺青年；某人恰好喜欢摄影，久而久之成了文艺青年；某人恰好喜欢画画，久而久之有了自己的风格，成了文艺青年。

说白了，真正招黑就是那些按照文青攻略做下来而成为文艺青年的人，因为他们的目的不纯，他们不是因为喜欢文艺而成为文艺青年，他们是为了受人瞩目而假装文艺。

有了这种目的的人，不挨骂才怪呢！

因为你脑子没货啊，你的货都在手机里，它们不是用来往前走，走向更好的明天的，它们是你用来装×的。

所以很多时候人们真正讨厌的不是那些低头做事的文青，而是在讨厌那些装腔作势的文青。毕竟就算人们真的讨厌前者，也是找不到人的，因为那个真正做事的人根本没时间出来嚷嚷自己是文艺青年。

我记得有过那么一段时间我也特文艺，逢人就想跟人家谈人生，谈理想，恨不得让自己身上的那点文艺气息照耀所有的人。

可是后来我发现，你文艺就文艺嘛，关别人什么事？也许人家是一普通青年，人家就没看过多少书，就是觉得魔兽世界和妹子才是生活的全部呢！

这有错吗？

反倒是你，在别人面前巴拉巴拉地惹人烦，弄得别人以为全世界的文艺青年都是话痨呢！

文青就是文青，不是搞宣传的，也不是没事天天装×的，那些人根本不是真正的文青，他们只是伪文青，真正的文青没那么招人烦。

文艺青年这种病，得治

1

之前看到过一本书，叫作《女文艺青年这种病，生个孩子就好了》。不可否认，生个孩子对治愈女文艺青年确实有一定的效果，但最大的问题是：一个女文艺青年，你要如何才能让她生个孩子？而且，女文艺青年生个孩子就治好了，那么男文艺青年呢？

生孩子的是女人，男人只要不想负责任，随时都可以做个无情无义的贱人。

其实，文艺青年的病，除了装×、情绪化、说走就走的旅行、不切实际的理想，最关键的一点是，作为一个文艺青年，你肯不肯去承担属于你的那份责任？

2

喜欢装×的大有人在，我大学宿舍里就有一个，整天瞧不起这个看不上那个，觉得这个世界上就他行，什么事只要他出马，分分钟就能搞定，那些手忙脚乱地弄了好久都搞不定的人，纯粹是智商有问题。

怎么样？够讨厌了吧！可是人家知道什么时候不装，知道英语四级通不过就毕不了业之后，他会乖乖地闭上嘴巴拿起课本去图书馆复习；也会为了自己喜欢玩的游戏天天逃课去网吧刷副本打怪，即便挂科也在所不惜，看到他熬夜熬出来的黑眼圈，大家也都原谅了他平时把牛皮吹上天的装×事迹。

被情绪化包围的更是大有人在，我隔壁宿舍住着一个胖子，喜欢班上一个姑娘喜欢了三年，一到晚上就各种发骚，平时微信、QQ的各种签名也都是酸掉牙的那种，要是偶尔喝点小酒就更了不得了，非拉着你说上三天三夜不可，可是一毕业还是立马认清现实，乖乖地回家找工作赚钱养活自己，而不是跟在那姑娘屁股后面东奔西走。

至于那种说走就走的旅行，我身边还真找不出几个人来，即便听说有人去了文青们常去的某某圣地，也是准备好钱，做好攻略，约上两三个好友一起去的，穷游是想都不敢想的，更不敢在路上随便搭别人的车，万一碰到坏人怎么办！

有不切实际的理想的人就是我自己，读书时看起来是挺不靠谱的，可是我毕业之后也是边工作边坚持写作的，就算后来想去支教，也是自己提前存好了钱才过去的。朋友们知道后都觉得挺不容易，爸妈知道后也满是心疼，因为他们终于发现我脑子里除了理想之外原来还是有生活的，还是想着对自己的所作所为负责的。

3

对，就是“负责”二字。现在很多文艺青年别说对别人负责，对自己都不想负责，装了×就以为自己真有那么牛×，其实回家连个饭都烧不熟；至于那些情绪化的就更可怕了，上着上着班情绪突然来了，立马跑去跟老板辞职，跑回家四十五度角仰望星空，完全不在乎口袋里还有没有明天的饭钱；说走就走的简直就是魔鬼，完全是靠肾上腺素过活的，他们不管口袋里有没有钱，也不管明天晚上睡哪里，只要肾上腺素分泌过多，立马就西藏、丽江到处跑，就算一路蹭吃蹭喝蹭旅馆也得把这个旅途蹭下来，站在高速路口就敢伸手拦车，也不管车主是干什么的，停了他就敢上，生猛得很。

心怀不切实际理想的还算消停一点，他们知道自己没钱，基本不会出去瞎浪，但是也绝对不肯去上班，整天一个人窝在出租屋里做玛丽苏和杰克苏的白日梦，梦想着自己突然变大神，各种有钱，各种牛×。

说白了，其实就是一点努力都不想付出，但是他们却想要美好的结局。

这现实吗?

当然不现实，所以文艺青年才会越来越被人诟病。

4

文艺青年的种种想法和作为，其本质无非是想要逃避自己应该承担的责任。至于女文艺青年这种病，之所以能生个孩子就好了，无非是因为孩子是一个女人迈不过去的坎，你自己身上掉下来的肉你不负责谁负责，逃不过，只好承担下来，只要孩子一哭，任你多大条的神经、多曼妙的白日梦，都会被拉回到现实里，手忙脚乱地给孩子换尿布、喂奶。

至于男文青，就困难得多，一般都要经历过人情冷暖、沧海桑田才会变得踏实靠谱。可是往往等你尝尽了人情冷暖，经历了艰难困苦，一切也都来不及了，毕竟生命有限，哪有那么多次机会给你尝试，让你去历练，然后再重新来过。

我家隔壁有个大我两岁的哥们儿，人很聪明，小时候每次考试都能拿第一名，家里奖状贴了整整一面墙，大人特别宠着他，事事都依着他，就这样养成了心高气傲的毛病。不过他也算是争气，小升初考上了尖子班，初升高又考上了尖子班，总之他的学生生涯简直就是你爸妈拿来打击你的“别人家的孩子”。

本来都好好的，结果他上高三的时候搬到外面去租房子住了，虽然美其名曰为了更好地学习，其实搬出去是为了更方便上网，那时候他经常晚自习不上，和合租的同学一起跑出去上网。自此成绩一落千丈，高考的结果惨不忍睹。这还不算完，成绩不好有不好的去处，他爸妈想叫他去复读，可是他死活不肯去。

后来他家里一个亲戚本来给他找了一所专科院校，让他去学桥梁建筑的，费用也不高。结果他还是死活不肯去，最后被在学校门口招生的野鸡大学招生人员给忽悠走了。他在野鸡大学读了一年半，终于发现这破学校是骗人的，天天让学生去工厂的车间做苦力，还在他们工资里抽成，简直贱到不行。

这回他想复读了，可是没这机会了，结果只好出去打工。打工也不务正业，在工厂干了一年多嫌没技术含量，就辞职想要干点高端的工作，这一辞连原本的工作都没了。后来他爸妈看他在外面实在是混不出什么名堂了，而且再这样混下去连个正常人的生活都过不上，就把他叫回来，花了将近二十万在我们家那的一个金矿上给他买了一份工作，买好工作后又张罗着买房子结婚，反正是一年到头都得为他操心。

他自己过得也挺憋屈，觉得怎么就混成了这副德行呢？成天抱怨连个重新来过的机会都没有。

可是事实往往就是这样的，以前某热播韩剧里有句台词叫：人生可没有足够让人类懂事的那么漫长的时间。更何况文青毛病那么多，改了一个还有下一个。

想要治好文艺青年的病，恐怕也只有装×的时候好死不死地遇见大神、情绪化的时候突然接到债主的电话、说走就走的时候倒霉催地崴脚、在出租屋里做着不切实际的白日梦时碰上房东拆迁被赶走这种巧合了吧！

每个文青身上都带着伤

1

每个文艺青年身上都带着伤，当然这不是文艺青年这种病的成因，而是走上文青道路的成因。

因为这种伤并不在身体上，平时是不会有任何表征的，但是一旦发作起来你就会发现，原来伤得这样深。

我工作的那段时间，也经常在公司里偷偷写小说，由于地理位置比较好——面朝老板背靠墙，所以，只要老板站起来朝我走过来我就能看见，以至于真的很嚣张，有的时候一整天都在干与工作无关的事情。有一次写了一个故事，是关于初恋的，写完发给同事们看了一下，同事们都叹为观止，觉得写得真不错。

后来一个女同事站起来问："你为什么会写成这个样子，是不是以前被女孩子伤过？"

我心里惊叹之余，也只好以"不过是个故事，认真你就输了！"敷衍过去。

是的，我确实被女孩子伤过，那是我喜欢的第一个女孩子，状态类似于“关关雎鸠，在河之洲，窈窕淑女，君子好逑，求之不得，寤寐思服”。

对，就是这样，我对那个女孩子一直求之不得，所以也就一直想着她，八年间表了三次白全部失败，后来听说她跟别人在一起了，我终于觉得累了，从此不再喜欢她。

我就是带着这样一个伤口走上了文青的道路，最一开始看书写字无非是想忘记她，把对她的感情埋在书中，藏在笔下，可是一直不能成功。后来才明白，原来忘记一个人不是靠看书，也不是靠忙碌，而是有一天你终于醒悟：原来自己已经没有机会了。这个时候你才会心甘情愿地放弃。

那个时候我已经走上了文青的道路，而且我知道不管怎么样，我都不会放弃这条路。很久以后我才知道，文字并没有治愈伤痛的功能，文字唯一的作用是帮助你释放一些情绪，不管你是看的人还是写的人——看的人总会在故事中找到自己，跟着人物的经历一路走下来，合上书本之后像是逃出生天、重获新生一般；而写的人，一个故事，不停地变换花样去写，都市、奇幻、惊悚、悬疑，每一个故事都以那道伤口上的故事为蓝本，一次次地释放，到最后没什么可写了，身上的伤也就好了。这有点类似于狂犬病细菌，千万别上药包扎，把它暴露在空气中，细菌自己就死掉了。

2

但是也有不是这样的，有的人从来不会写自己的伤口，他们把自己的伤口抛诸脑后，每一次都会写一些不一样的故事，故事里什么都有，但就是没有让他受伤的人。

我认识一个人，家庭环境比较特殊，其实也算不上有什么特殊的：就是他家里有两个小孩，他和他哥哥。其实他爸爸妈妈生他的时候是想要个女儿，结果又生了个儿子，所以，他入学以前家里都是把他当女儿养的。入学后过了很长一段时间才转换过性别角色来。后来因为家里是两个男孩子，而且他哥哥成绩又好，还是老大，所以无论干什么都比较引人注目，这导致他整天像个小跟班儿一样跟在他哥屁股后面，反正基本上家里有好事想到的一定是他哥哥，而他哥哥一旦犯了什么错误也不会受罚，但是他不行，因为有过他哥哥的前车之鉴，到他那里同样的错误不许再犯。

但其实我认识的这个人他也不是不优秀，他成绩也非常好，各方面也都不错，但就是因为他哥哥在前面把这些事情都做过了一遍，到了他那里别人就会觉得：你是某某的弟弟，你哥哥都做得到，你怎么可能做不到呢？反正就是一切好事到他那里待遇就减半，但是一旦做错事结果却会无限放大。

后来他学乖了，一点不好的事情都不做，反而朝别的更好的方向去努力。他告诉我他就是在那个时候学会拒绝别人的，家里有些东西，诸如父母的关爱以及一些好吃好玩的东西他再怎么去争也争不到，不仅争不到，爸妈还会说他不懂事，不让着他哥哥，他觉得孔融让梨这句屁话简直就是为他发明的。

他最一开始看书想要写小说的目的就是想要有一天功成名就，万人瞩目，让家里人不再看不起他。

可是后来他哥哥大学时任性地退了学，跑出去打工，没过两年又跑回家。那时候他以为他超过他哥哥，比他哥哥优秀了，家里人应该看得起他了，多给他些关怀和赞赏了。可是他没想到，家里人还是围着他哥哥转，花了一大笔钱给他哥哥安排工作，又相亲，又要买房子。

有一次他爸爸背着他哥偷偷跟他说："你哥哥没本事，我准备给他买房子，你不要争。"

那个时候他才知道，不论他做出什么样的努力，变得多么优秀，在他爸妈的心中依然只有他哥哥，他爸爸妈妈的关爱就那么多，全给了他哥哥，到他那里已经剩不下什么了。

有那么一段时间，他特别害怕他哥哥相亲成功，因为他发现一旦他哥哥相亲成功，他就彻底地变成了一个外人，他就无家可归了。

有一次我们聊起这个话题，他说自己现在唯一想做的就是放弃对他爸爸妈妈的希望，不再奢望他们会关心自己，不再奢望他们会注意自己，他要努力地摆脱那种想被关心的感觉，因为他内心深刻地知道，他是得不到的。

我问他怎么不去争取一下呢？

他说没用的，以前为了这个，他甚至在电话里和他爸爸大吵过一架，可还是没有用，他爸妈也是人，精力有限，整日围在他哥哥身边，一个不经意就会忘记他的存在。

他说他现在终于可以客观冷静地看待这一切，他唯一想做的就是要尽快退出他们的生活，他知道这样很难，可是他必须这样做，因为继续下去他只会受到更多的冷遇以及不关心。

这就是他身上的伤，他写的故事里主角永远都是没有爸妈的，他们就那样自然而然地存在于这个世界上，就像是从石头缝里蹦出的孙悟空。

我想这是他对自己的期许，他一直努力想要摆脱那种不受人关注的状态，也许有一天他成功地在纸上营造出来那个“没有”他爸妈的世界，他就真的可以摆脱了。

世界上有很多的不公平，那些已经发生过的不公平，不管你是谁都无法改变，只能试着去消化它，而那些可以预见的不公平，我们也只好凭自己的努力去打破它，打不破的也得拼尽全身的力气去避开它，因为很多时候你根本承受不起那样的不公平。

但愿每个文艺青年身上的伤，都能消解在别人或者你自己写下的故事里。

喂！你心里住着一个偏执狂

1

毫无偏见地说，每个文艺青年心里都住着一个偏执狂。

当你固执而又决绝地走上文艺青年这条路，你身上就开始沾染上偏执的色彩。当你走上文艺青年的道路之后，偏执的色彩像是沾了水一样，开始慢慢地晕染开来，渐渐地将你的整颗心包裹起来，除了你内心既定或者预期的想法之外，再也没有别的任何东西可以进入。

有多少文艺青年总是拿别人的话当放屁，臭过了之后还是在做自己认为重要的事情？

有多少文艺青年不管兜里有钱没钱，只要想到“我的青春小鸟一样不回来”，就会毅然决然地拎起包来一场说走就走的旅行？

有多少文艺青年整天无所事事地发呆，却还一味固执地认为早晚有一天自己会名利双收，成为百万级畅销大神？

有多少文艺青年痴痴呆呆地被另一半给甩了，还心甘情愿地留在原地等着离开的人再回来？

这就是偏执，在没有可行性的基础上，还一意孤行地去做一件事情，有时候让人咬牙切齿，有时候又让人心疼不已。

有人一定会说只有偏执狂才能成功，所以即便偏执也是可以理解了，偏执的程度代表了对成功渴望的程度。

这简直是可笑！

当然，我不否认，偏执狂成功的概率确实要比不偏执的人大，可是那也是分事情的，如果你暗暗下定决心要写出一本惊世之作，那么你每天孜孜不倦地去钻研、去学习、去体验，这件事情是一定会成功的。

可是世界上的事并不都是按照这个步骤进行的。

几年前，我在网上认识了一个朋友，典型的文艺青年，他十九岁那年，一个人背着包，带着几本小说，毅然决然地奔赴南方求学。

我认识他的时候他已经大三了，有一天晚上他突然冒泡，找我聊天。不聊还好，一聊才发现原来他深深地喜欢着一个女孩子。

那个女孩子是他初中同学，他对那个女孩子算得上是一见钟情，后来经过初中三年的努力，他终于让那个女孩子也喜欢上了他。他向那个女孩子表白过两次，每一次那个女孩子都以学业为重的理由拒绝了他。

高中毕业后他选择一个人到南方去读书，就是为了能忘记那个女孩子，可是他发现自己无论如何也没办法忘记她。

他试过很多种方法，曾经他眼一闭心一狠地删除了那个女孩子的所有联系方式，可是过后还是费尽心思一点点地再找回来。他说就算不说话也要留着，因为他觉得也许有一天那个女孩子会回心转意，重新喜欢上他。

那天晚上他之所以找我聊天，是因为有一个曾经的同学告诉他，那个女孩子已经有了男朋友，并且双方家长也知道，最关键的是家长们也没怎么反对。

他告诉我说其实在那之前他一直都对那个女孩子抱有幻想，虽然他已经很久没有见过那个女孩子，可是他想起他们之间发生的事情，就觉得好像全都是发生在昨天一样。那天晚上他终于绝望了，隔着电脑屏幕我听到一阵心碎的声音。

他说喜欢那女孩子已经快十年了，这十年间他也遇见过不少别的女孩子，可是他始终觉得那个女孩子最好，他一直都觉得只要他自己不放弃就一定还有机会，早晚有一天会把那个女孩子追到手。

可是他却没有想过那个女孩子会先离开，她有了男朋友，连一声再见都没跟他说！

而他呢，被他内心的偏执将他留在原地，迟迟不肯离开，后来他又大骂那个女孩子：一辈子那么长，谁没有爱过几个人渣！

可是无论他怎么骂，我都知道，他还是爱着那个女孩子的。爱之深，责之切，他越是骂她，他骂得越凶，就代表他越是不想放手，对那个女孩子的偏执依然留在他心里没走。

有人说越是得不到的就越想要，或许正是因为得不到所以内心的偏执才会加深，因为我们一旦被一件事情所吸引，必然是看到了这件事情的好处或者说闪光点。我们越是得不到才会觉得那些闪光点越亮，只有得到之后，那些闪光点才会慢慢褪色。

2

所以，我们之所以偏执，很大一部分原因都是来自所谓的“求之不得”。一旦成功之后，我们会发现原本向往的事情也不过如此，根本没什么了不起的。

有多少夫妻年轻的时候也曾山盟海誓，非你不嫁非你不娶，可是两个人真的在一起结婚生子过惯了柴米油盐的平淡生活，又有多少夫妻开始同床异梦！

有人或许会反驳：只谈论爱情是片面的！

那我们说一下别的，比如写小说，以前我没发表过稿子的时候，我做梦都想发表一篇稿子，为此不停地去努力，不停地写。可是后来等我真的发表了稿子，上了杂志，赚到了稿费，我反而变懒了。

你可以坚持，但是一定要在过好你原本的生活的同时去坚持；你可以出去旅行，但是一定要保障自己回来之后不用吃泡面度日；你可以想着念念不忘的姑娘，但是当时间流逝、新欢出现的时候，你一定要好好地去把握机会。否则，有一天当你停下来的时候，不仅你曾经偏执的东西失了色，连你原本的生活也不见了。

千万不要做这种得不偿失的事情！

珍爱生命，请正视你的生物钟

1

众所周知，文艺青年的生活作息不是很规律。他们肆意洒脱，率性而为，做事一般不靠理性，全凭感性。

在做一件事情之前，文艺青年们最常说的一句话是："让我找找感觉先。"或者是"我现在没感觉！"

总之他们就是全凭着感觉走，就算事先有一定的计划，但只要感觉来了就不管不顾了。如果半夜突然醒来发现感觉到了，他们可以马上爬起来写稿子，然后等到凌晨四五点钟爬到阳台上伴着一地凉风看日出，看完日出再出去散个步，顺便把早饭给吃了。

这就是文艺青年的生活作息，感觉至上，其他一切都是浮云。

以前大学时，我就曾经因为半夜时找不到感觉，但是又没办法睡觉，然后就把宿舍里所有人都折腾起来，号召大家一起翻墙出去吃烧烤，结果一吃就吃到凌晨三四点钟。

其实白天睡觉也没什么，只是大家生物钟突然被打乱了，所有人回去之后根本一点睡意都没有，结果第二天一个个都成了熊猫眼。

生物钟是理性的代表，是根据身体的反应，饿了吃饭渴了喝水，困了就倒在床上蒙头大睡，而且随着工作、上课等一系列生活习惯的固定化，生物钟也形成了一定的规律，比如一日三餐、朝九晚五、半夜两点还不睡准没好事，等等。

可是文艺青年为了“感觉”二字，却只能打破这种规律。感觉这东西，你知道它什么时候走，但是你却不知道它什么时候来，所以文艺青年们只好像古代的妃子们等候皇上临幸一般，只要感觉一到，其他的就统统都顾不上了。

所以文艺青年看起来都不怎么靠谱，我上大学时，隔壁寝室住着一个做事全凭感觉的人，他这个人很奇怪，每次都是他女朋友找他约会的时候感觉有“感觉”，所以经常放他女朋友鸽子，虽然事后补救也成功过几次，但是最终难逃分手的命运。有些事情明明前一天就约好了，结果他临时放人家鸽子，预计的事情被打破，一次两次还可以，久了任谁也受不了。

其实文艺青年也不愿意这样，但爱情诚可贵，感觉价更高！幸好现在这样的事情已经越来越少见，因为现在的普通青年都牢牢遵守着不和文青发展男女朋友的关系这一原则。

2

其实，感觉的最大受害者还是文艺青年自己。

记得我上高中的时候，有一段时间曾经进行过密集性的阅读，那真的是一种废寝忘食的状态，常常下课铃响了我都听不见，等我发现周围人都走光了，站起身去食堂吃饭的时候，食堂里的饭菜早就卖光了，就算还有也已经凉了。没办法，只好啃面包，可是面包总有吃够的时候，后来就只好饿着不吃，等下一顿的时候一起补回来。结果一段时间下来，我的胃就抗议了，只要我一吃带辣的东西，不管是辣条还是菜里面有辣椒，就会不停地打嗝，而且胃里会一下一下地抽搐，那种感觉真的是不好受，喝好多开水都缓不过来。

再后来高中毕业我去南方读大学，南方气候湿热，人们喜欢在菜里放辣椒，而且是又红又小的那种小辣椒，结果我每次吃饭的时候都要提前准备好一杯凉开水，吃一口饭菜喝一口水，就算这样也没办法，胃里还是不停地在翻滚抽搐，同寝室的同学都觉得我吃饭简直就是在受罪。

可是没办法，还是得吃，因为不吃饿呀！

也曾买过养胃的药，吃温和的食物，想要把胃里的毛病慢慢养好，可是根本就没办法，很多时候都是药吃完了忘记去买新的，要么就是刚吃上药没几天就受不了清淡的饮食，结果又去吃辣，总之，就这样反反复复一直都没有好。

直到现在，有时候晚上睡着之后，胃突然就开始疼了，那种感觉就像是有一只手攥住我的胃狠狠地捏一样，直接就疼醒了，大半夜一个人在床上疼得翻来覆去地乱滚，想死的心都有了。

你看，不管你是不是文艺青年，打乱作息和饮食的后果都是要自己承担的。

3

大学毕业的时候，班上一哥们儿突然醍醐灌顶，感觉自己的青春马上就要结束了。然后他就在毕业聚餐上疯狂地喝酒。班级里买的酒喝完了，他又跑到柜台上去自掏腰包买了两箱，你想想饭店里的酒多贵啊，基本上价格要比外面贵上一倍，我们那时候同学聚会，一般都是先到附近的小店里把酒和饮料买好，自己带到饭店里去。

那哥们儿在饭店里买了两箱酒，价钱快赶上一桌菜钱了。

两箱酒喝完，我们就离开了，可是那哥们儿还是很伤感，就一个人跑到街边的店里买了两瓶黄酒，一路走一路喝。后来终于喝大发了，还调戏了班上一姑娘，那姑娘男朋友当时也在场，差点没揍他。

后来我们拉着他回宿舍，走着走着我们听见“咕咚”一声，感觉手上一沉，低头一看，他倒地上了，我们赶紧打车把他送到医院去，医生说是酒精中毒，后来才知道原来他在街边买的那两瓶黄酒是老板自己勾兑出来的。他醒过来一个劲地骂那老板黑心，我们就一个劲地骂他傻×。

不就毕业了吗？我们不是还在吗？不能再进教室上课有什么了不起的，反正能去的时候也没去过几次。

当然，最关键的是下次就算再怎么有感觉也不能这么喝了，昨天幸亏大家都在，要是哪天他自己一个人的时候感觉来了，一个人在家里自斟自饮，喝挂了都没人知道。

那哥们儿也算听话，从那以后感觉来了想喝酒时，都会叫上一两个同学，周末凑在一起的时候再喝。

说这些没别的意思，就是想提醒广大文艺青年一下，感觉这玩意儿确实是挺重要的，但是真的犯不上玩命，感觉就算错过了一次还有下一次，可是命就这一条，死了就再也不会有感觉了。

有人可能会说：不熬夜怎么办，晚上清静，感觉来得快。

不是说不让你熬夜，你可以像村上春树先生一样，把自己的生物钟调整到一个规律的状态上，村上大叔也是晚上写白天睡觉的，可是人家已经形成习惯了。不像有些文艺青年一样，有感觉就写，没感觉就睡，睡不着再起来，折腾到了天亮终于困了，结果发现白天还有事情要做呢！

所以，如果不想死的话，就老实一点管理好自己的生物钟，网吧包夜猝死事件这些年没少听说过吧，管不好自己的生物钟，保不准下一个就是你！

总有人能治好你的矫情

1

多而无用，就是矫情。如老太太的裹脚布一般又臭又长，空洞而无物，一开始可能还有人礼节性地点头回应，时间一久，我相信不论谁都想拍死你。

偏偏很多文青就是喜欢矫情，喜欢说些没用的，简直是挑战别人的忍耐极限。

可是一开始的时候文青自己并不知道，还自顾自地矫情，觉得这是情怀、格调，觉得生活就应该是这个样子，把趣味藏在冗长的段落里，然后等着别人去发觉，惊叹你的神来之作、点睛之笔。

对此，我只能说你太拿自己当回事了。你以为所有人都有耐心陪你玩捉迷藏呢！

很多人是经不起吊胃口的，第一眼不惊艳，以后都懒得再看你第二眼。所以别遮遮掩掩了。

是，你要把生活过成什么样子是你自己的事，别人无权过问，但是你拿出来不停地跟别人兜圈子就是你的不对了，因为不是所有人都能接受矫情的套路的。

当然，如果你自己能够顺利地渡过那段凡事都要矫情的中二时期的话，麻烦你回头看看自己曾经做过的矫情的事情，我保证你自己都会觉得恶心。

其实，矫情这回事，无非年少时文艺小说看多了，自以为懂得一些道理，但是得不到实践，因而在心里憋出来的连篇废话和悲春伤秋。

所以，古人才会有读万卷书行万里路的说法，不真的去见识见识，怎么知道书里说的是真是假呢？

当然，这里的路其实不是真的让你去走路，而是指生活的路。你在生活中接触的人不断地增加，总会有那么几个不怕死的告诉你：其实你只是在矫情而已。

2

很多文青都会写：候鸟南飞，心中激起一股莫名的感觉，春又去，秋又来，而我却在这里不来不去，等你。直到年华老去，沧海桑田，我依然在这里等你。对，就是等你，只是等你！

这段话的意思无非是一年又过去了，我还在等你，可是你偏偏要巴拉巴拉地说那么多，简直就是浪费纸张，好好的话为什么不能好好说？

我记得以前有个女生让我写个小说的开头给她看看，其实无非就是一个女孩子在楼道里看到一个好看的男生，就这么一句话就能解决的问题，结果我硬是写出来一千多字，什么“他就像是从空气中细微的水珠凝结出来的精灵，清新而干净。那一笑，如过春风十里，沁人心脾”之类的，反正都是些没用的话，现在重新看，自己都觉得酸得不行。

不过没关系，编辑是写小说的文艺青年的宿敌。不管你之前多矫情、多啰唆，哪怕像《大话西游》里的唐僧一样，编辑也总有办法让你乖乖地改掉，并且保证永不再犯。

我们群里有位学姐，是某省级大型刊物的常驻作者，一开始投稿的时候，编辑觉得她创意不错，但是就是各种啰唆。第一次审她稿子的时候，一篇两万字的稿子，活活删到了八千字，但是也没挺过终审。后来编辑调教了大概半年，学姐矫情的毛病才好了一半，剩下的一半还潜伏在故事里，一篇七千多字的稿子，差不多要删掉三分之一才能刊登。

一次编辑忍不住问她，你为什么总是喜欢瞎矫情呢，凑字数吗？如果你嫌字数少的话可以多发展情节啊，你平白无故地添了那么多没用的话，最后还不是要删掉，简直就是跟钱过不去啊！

后来，我也给那位编辑投稿，编辑说啰唆矫情，很多东西都没用。没办法，只好让编辑帮我把废话都标注起来，然后我再去删减、修改，结果删得我痛彻心扉。但是不得不承认编辑是对的，因为我发现那些东西删掉了之后并没有影响故事的发展和走向，反而使故事的脉络更加清晰明朗。

一次某杂志刊登了一篇候补的文章，一经刊出就被读者骂得狗血淋头，说这稿子是凭关系上的，后来我们群里的人出于好奇，就都去看了一下，结果看下来整篇文章都觉得怪怪的，因为作者的断句和句子结构是逆向的，虽然算不上病句，但是读起来真的很令人不舒服。

其实，这就是矫情，为了让自己显得与众不同而矫情。

实在是太无聊了。要知道，要经过千锤百炼才能造就一个卓越的人，某些文艺青年仅仅耍些小聪明是远远不够的。

3

当然，不仅仅是写小说的文艺青年，任何一个文青的矫情都是会被治好的，只要没剃光头出家，宣布从此金盆洗手，就总有一个人能出来治好你的矫情，甚至这个人有可能就是你自己。

我做第一份工作的时候，办公室里有两个姑娘，每天都在办公室里无所事事地逛淘宝、发微博，然后动不动就趁老板娘不在的时候跑到一起去对比手指甲，她们一直想要找个美甲店往手指甲上镶水钻，可是一直不敢去。因为那时候年关将近，我们虽然是业务员，可是最后已经不接单了，车间里有时候忙不过来，我们要去做一些简单的马上就能上手的包装工作。

女孩子应该都知道吧，手上镶了水钻之后是不能干活的，因为一不小心就会把水钻碰掉。所以那两个姑娘到最后都没去镶。

这个故事看似和文艺青年的矫情是没有关系的，但是文艺青年们有没有想过，你的矫情就像是姑娘手上的水钻一样，镶上去华而不实，平时看看也就罢了，真到了派上用场的时候不仅一点用都没有，反而可能会添乱。

试想一下，如果客人拆开我们公司的产品，发现里面有一颗指甲上的水钻，不投诉才怪呢！

一旦被投诉，追根究低，姑娘势必被扣工资，说不定辛辛苦苦一年连年终奖都拿不到了。

如果你各方面都很好，矫情一下，也就没什么关系，因为始终不影响大局，你把矫情去掉，算是锦上添花，喜上加喜。最可怕的是雪上加霜，你明明各方面都不太好，要靠着朴实才能帮自己渡过难关，冲向happy ending，可是别人一看到你的矫情，再加上其他方面也不是太好，直接把你pass了，怪谁？

劝你最好自己把矫情治好，因为你也不知道你的矫情是锦上那个无关大局的添花，还是雪中那一捧救自己于危难的炭火！

未知的东西，想想都觉得可怕。

看到这里，你的矫情治好了吗？

别让文艺变成装×

1

曾几何时，文艺是一个美好的词，它象征着品位、涵养、思想、知进退、懂礼数这些让人赏心悦目的东西。不是刻意地去讨好谁，也不是刻意地去碾压谁，而是别人只要和你在一起就会有如沐春风的感觉。

而现在呢，文艺这个词已经等同于装×、犯二、不合群、另类、作死的代名词，文艺青年也变成了活脱脱的装×青年。虽然没到人神共愤的地步，但也绝对是人人敬而远之。

就这样，文艺青年和暴发户一样，变成了一个贬义词，每次人们说起文艺青年的时候，都是一脸“他们就是那个德行，你懂的”的暧昧表情。

这真是很让人难过，逼得好多文艺青年不得不一再强调自己不是文艺青年，而是普通青年。

那么，是谁破坏了文艺青年这个美好的词呢？

说到底，还是文艺青年自己，当然不是那些大神级的文青，他们都有自己的事情要做，有固定的交际圈子，绝对没心情也没时间去破坏自己的形象。

真正让文艺变成装×的是那些刚刚看完几本书，觉得自己有了全新的世界观、高人一等了的小文青们。他们属于刚刚修炼成精的小妖，对外面的世界很好奇，对自己的本事有自信，抱着这样的态度，他们的作风基本上就是到处招摇、四处显摆，问题就出在这里。

“文艺”这两个字其实是一个很广泛的词，不说上知天文下知地理吧，但是一定是琴棋书画样样都知道一些，遇见各行各业的人都能聊上几句，哪怕遇见一个开挖掘机的，他们也知道一些，能搭上话，说出个子丑寅卯来。

这样的文青虽然算不上大神，但也算是略有小成，基本上没有人会讨厌他们，就算有人不喜欢他们也只是不喜欢而已，并没有什么毛病和怪癖为人指正。大家真正反感的是那些刚有点小才情就迫不及待炫耀的文艺青年。因为他们只有一点小才情，局限性很大，懂的也不多，所以不管遇到什么人翻来覆去都是那几句，说的内容往往和别人没多大关系，不过是想要炫耀自己的才能而已。

我有一个高中同学，看上了坐在他前面的姑娘，于是整天想着怎么表现自己，他数学学得不错，一次有一道比较难的题目被他给解出来了，于是像邀功似的跑到那姑娘面前给人家解释了一通，然后那姑娘皮笑肉不笑地翻了个白眼，不阴不阳地冒出来一句：“你好强哦，你好会读书哦！”

因为那姑娘成绩也挺好，不一定就不会，所以就这样“谢”过那哥们儿，弄得他尴尬得要死！

怪谁？还不是怪自己！

很多刚入门的小文青就是这样的，也正是由于他们的所作所为，文艺青年的名声也就从文艺变成了装×。

典型的物极必反！

2

如果你真的足够渊博，那么你去剪头发就应该跟理发师聊头发上的事情；你去喝咖啡就应该跟人家聊关于咖啡的事情；你碰见书虫就要跟人家聊看书的心得；如果碰见自己不懂的，就应该闭上嘴巴虚心受教，以此类推，古今中外，横向纵向无限延伸，最后两个人越聊越开心，变成了好朋友。

这才是文艺青年的正确打开方式，而不是不管遇见什么人永远都是同一套说辞，听得人家脸都绿了还喋喋不休。

试问，你跟一个标准的理工科学生聊村上春树，有什么意义？你跟一个陷入热恋的人聊单身的好处，有什么意义？

这种做法特别蠢，就像一个人明明饥肠辘辘需要一顿饱饭，你却说“故天将降大任于斯人也，必先苦其心志，劳其筋骨，饿其体肤”一样讨厌。如果你说了一句话有人没听懂，你可以说焚琴煮鹤、对牛弹琴，可是你明知道人家不懂还巴拉巴拉地说个不停，到底是谁焚的琴煮的鹤，到底谁才是听不懂琴声的蠢牛?

那些不懂事的小文青们糟蹋的事情多了去了，比如旅行，被他们苦逼苦逼地折腾成了穷游，其实就是沿路乞讨啊，豁出脸皮来各种蹭吃蹭喝啊，你不能因为你是文青就觉得这件事牛×了。你跟人家说你是文艺青年，也只是丢了文艺青年的脸，坏了文艺青年的名声而已。

3

我大学里认识隔壁班上的一个姑娘，标准的文艺女青年，温柔大方、举止得体，跟人聊天时会的说不会的就虚心受教，但是她基本上各个方面都知道一些，文学方面能从钱锺书谈到海明威再谈到米兰·昆德拉绝不露怯，而且绝不是只看过目录和简介就出来装×的那种，人家很久之前看过的书直到现在都能把其中的精彩段落背出来，爱好也相当广泛，除了看书、码字之外还学习瑜伽、吉他，唱歌也非常好听，这些风马牛不相及的事情在她身上体现出来，非但不矛盾，反倒有一种恰到好处的融洽。后来她去学习爵士舞，虽然激烈的舞蹈和她的性格有点不相称，可是有一次看过的她的表演之后，我觉得一点也不违和。

而且人家去学习什么东西，从不张扬，从来不觉得自己会这些东西是件值得骄傲的事情，反而总是很谦虚地说路还长着呢，要学的东西还有很多。人家是真的谦虚，从表情上就可以看得出来，和某些文青那种装×的谦虚有本质上的区别。

有一年过年，她约了几个朋友到重庆去玩，重庆本来就是山城，她们去的地方更是山城里的大山，她们在山里住了半个月，带着山里的孩子玩，教他们学习知识，然而却并没有因此去老乡家里蹭吃蹭喝，用的全是自己的钱。

知道自己要出去浪，早早就开始省吃俭用地存钱，绝不会到外面没脸没皮地蹭。这才是一个文艺青年应该有的作风。

谦虚、友善、自食其力，并且不断地完善自己，每到一处并不是想着索取，而是想着自己能付出些什么，他们在山里待了半个月，收获良多，而且身心舒畅，城市生活的压力也得到缓解，比那些蹭来蹭去还装×兮兮地标榜自己是文青的人不知道文艺了多少倍?

看看人家对待生活的态度，高下立见。

理想这玩意儿

1

不知道为什么，文艺青年们总是嚷嚷着这个世界不符合他们的理想！

理想到底是什么？

鲁迅先生说：“世上本没有路，走的人多了，也便成了路。”

文艺青年作为一个思想飘在半空中的群体，理想当然也像古巴比伦的空中花园一样远离地球表面。其具体内容虽然没有拯救地球那么夸张和不现实，但脱口而出的时候你绝对想要代表银河系消灭他。

这样的路走起来自然会颇有些“蜀道难，难于上青天”的感觉。不仅行路难，而且路上的人还特别少。

至今我还记得有一次在家和爸爸妈妈一起看电视。挺鸡汤的一个节目，上面坐着一票名人当评委，然后草根们一个个上来陈述自己的理想。印象最深刻的是一个中年男人，光头，身穿蓝色长衫，就是清末文人们穿的那种。那个中年男人坚信他是曹雪芹转世，因为他成功地续写了红楼梦，现在想要找人帮忙发表。

我当时特看不过去，觉得你一中年大叔，没钱没房没车没老婆，你还谈什么理想？你连正常人的生活都过不上，你还有脸谈理想？

后来我爸看了看我，很小声地说了一句："其实有时候你跟他很像。"

我当场就愣住了。

我上大学的时候也是标准的文青一枚，时不时地为自己内心突然迸发出的那些小想法感到无比骄傲，并且视若珍宝，从不轻易示人。就连写小说的时候都觉得一次只用一个新奇的点子就可以了，用多了浪费，那些愚蠢的人类怎么能理解如此高深莫测的观点呢？

现在回想起来，那时候真是傻得不行。

可那时候却偏偏自以为是得很，回家老头子苦口婆心地劝我务实一点，不要那么好高骛远，有理想不是坏事，但是要先找一份糊口的工作养活自己之类的，可那时的我一句都听不进去。

就算偶尔假装听进去了，过后也会想：我擦，我这么屌，会唱歌、会跳舞、能写小说、期末考试还不挂科，如果哪天我挂了，地球一定不转了。

总之，就是觉得老子天下第一，就是因为和一群low马在一起天天吃不饱才埋没了我日行千里的本事。

那时候每天一睁眼就爬起来去泡图书馆，矫情兮兮地坐在那里码字，指望着哪天有个慧眼识珠的伯乐来发现我。

简直是狂妄到了极点！

不仅狂妄，而且还从来都不肯妥协，明明自己没什么人生经历，除了青春期那点鼻涕那点泪之外，再也没有什么能打动人心的故事。

还要假装清高、故作姿态地说："我不跟风，青春小说多俗套啊！"

结果看到某位青春作家的作品因为电影问世而热销时，却还是眼红到不行，张口狂喷人家老大不小的人了，还出来贩卖青春，真是没脸没皮。

最后室友看不过去了，说："我觉得这样没什么不好的。"

于是我心有不甘地反驳："还作家呢，怎么能一点底线都没有？"

室友一边看电影一边丢过来一句："怎么没底线了，人家又没害人。"

我当场哑然，颜面扫地，无话可接。

过后仔细想想也是，小时候看《神雕侠侣》时听到杨过对郭靖说这句话的时候也是十分解气的。

人家又没害人，爱怎么玩怎么玩呗！

你看不过去就闭上眼睛别看！

2

有理想是痛苦的。

因为生活已经很不容易，揣着理想一起上路更是难上加难。很多人一辈子兢兢业业也不过是完成了普通人的生活。

理想和盖房子不一样，盖一座房子，从打地基的那天起，每一个人都知道它将会是一座房子，大家从一开始就知道它的价值。

可是理想不一样，最开始的时候理想只是你脑海里一个不切实际的念头，一颗只有你才知道的埋在沙子下面的珍珠。在珍珠没有被挖出来之前，其他人看见你不停地在那里挖沙子，都觉得你一定是疯了。

就算你告诉他们沙子下面有珍珠，他们也不会相信你。如果一直挖不出来，恐怕有一天连你自己都不相信沙子下面有珍珠了。所以有理想一定要抓紧时间去实现，不然早晚会被生活消磨殆尽。

生活是不讲道理的，而文艺青年再怎么文艺也逃不开生活。你总会有家庭，有应酬，有各种你不想做却又不得不做的事情。

就算你信念坚定，试问到那时，你还有多少时间可以分给心中那个看似有些不切实际的念头？

所以，我一直搞不懂文艺青年为什么要给自己定下各种各样莫名其妙的底线：俗套不行，跟风不行，不深刻不行，商业化也不行。这也不行那也不行，简直就是自己挖坑自己跳。

试想一下，如果漫长的公路上突然驶来一辆顺风车，我们为什么不搭一程呢？就算汽车不能载你到终点，但是最起码在岔路口出现之前，可以让你走得快一点。

有人说，相比成功，文艺青年会觉得失败更有意义。

这句话听起来简直是酸到不行，失败唯一的意义就是为以后的成功打基础，长见识，吃一堑长一智。如果有人觉得失败比成功更有意义，那他一定还没有成功过。

因为失败了就意味着同样的路你还要再走一次，而一旦成功，就意味着你要进入一个全新的世界了。

3

文艺青年们向来标榜：只做自己喜欢的事情。

我以前也是这样想，觉得如果不能做自己喜欢的事情还不如死了算了。直到大学毕业工作后，我才发现：原来在理想面前妥协一下也没什么，毕竟是为了理想。最可怕的是在生活面前妥协，而且是毫无底线地妥协。

我的第一份工作是在一家公司做外贸业务员，但公司很小，老板和员工坐在一间办公室里。我一点也不喜欢这份工作，做这份工作唯一的理由是它和我学的专业对口。虽说是做业务员，说白了就是做销售，每天拿着老板在展会上带回来的名片打电话。做不到单子的时候烦，做到单子更烦，既要看老板的脸色，又不敢得罪客户，明明定好了交货期，却因为搞不定车间里做货的工人而延期，还不能跟客户明说，也不敢在公司里抱怨，被老板听见了一准白你一眼，牙缝里呲出来一句："连个客户都搞不定，我养你干吗的？"

到年底的时候看到客户的电话就像老鼠见了猫一样，恨不能找个地缝钻进去。

却偏偏不能钻，不仅不能钻，还得把电话接起来，拿热脸去贴客户的冷屁股。关键是还赚不到钱，一个单子就拿十几块的提成也得像孙子似的讨好客户，满足客户各种无礼的要求。年终总结的时候想想也是够了，我不过就是想混口饭吃，怎么混成这副德行？

想想自己高高在上的理想，越想越觉得自己现在像个叫花子！后悔当初为什么不把要求放低一点，跟个风怎么了？

好歹和理想有关系。

俗个套怎么了？

世界上来来去去就那么几个故事，讲出你自己的心声就够了。

不深刻怎么了？

我就眼皮子浅，现在眼光就看到吃饱穿暖肯定也能安慰一大票人。

商业化怎么了？

只有赚到了钱，有了物质基础，才能去做自己想做的事。

最起码，我为理想吃的苦、受的气、卑的躬屈的膝都能照亮前方的路。

至于生活，无非是吃喝拉撒，至死方休，一点意义都没有。

所以，怎么想都觉得吃泡面谈托尔斯泰谈凡·高有些不靠谱，你下一顿都没着落呢，还谈什么理想啊！

傻不傻！

所以还是要提醒文艺青年，思想飘在半空中很容易，但身体想要跟上思想的节奏是很困难的。

明摆着的，机票比火车票贵。

况且如果你在理想这条路上连一丝乐趣都没找到，连一处好风景都没见到，还被荆棘刺破了脚，那不如趁早换另一条路走。

反正结果都是一样的。

Chapter 5 世界那么大，我们该做些什么

时间是藏在棉里的针，总有一天会刺破生活的假象；世界是一双无形的大手，总是会重重地甩给你耳光；而包裹在胸腔里的心脏，总有一天会被掏出来，暴露在风沙下，和你一起奔向未知的远方。

你做了什么，你就会成为什么

1

“你做了什么，你就会成为什么。”

相信很多人都懂这句话，但是很多人却什么都不是。之所会这样说，是因为有时候我们三心二意。对于文艺青年来说，有时候虽然能坚持做到一心一意，但是由于文艺的范畴实在是太广泛，所以经常会在不知不觉中走错路，虽然自己不知道走错了，但是最终的结果会显示出这个问题。

你半路去卖弄了，装×了，早晚会被打回原形；你半路放弃了，无非就是和其他的loser一起在半路上五十步笑百步；你一直在做自己应该做的事，最终会看到终点的样子，这不是靠想象和瞎掰就能知道的，只有去过的人才知道。

所以，很多时候，文艺青年们必须要知道自己正在做什么，将要做什么，否则将来一定会追悔莫及。

我有一个从初中玩到高中的同学，人挺聪明的，可能就是因为太聪明了，所以做什么事都没常性，他做过的最持久的一件事就是念书，一直念到大学毕业，然后又要去考研究生。

一切看起来并没有什么问题，但实际上问题却已经存在很久了，只是以前没机会凸显出来而已。一个人读小学、初中、高中甚至大学，很多时候都是随大流，你根本不知道为什么，也从来不问为什么，内心的解释无非就是大家都在做这件事情，所以你也跟着做。反正，不管怎样，这样都不会出错。但问题是，你不可能一辈子都随大流，总有一天你要自己拿主意、做决定，走你自己该走的路。

2

我那个同学一开始都好好的，直到有一天我接到他的电话，他说他女朋友和他分手了，原因是他女朋友看上了网吧里的一个男网管，非要跟那男的在一起。后来我就问他，他女朋友为什么会看上那个人，或者说哪来的这样的机会。一般来说，女孩子都是比较内敛的，去上网也只是去柜台付付钱、买买水之类的，跟男网管绝对发生不了什么事情。

后来他说，他女朋友放暑假在那个网吧里做兼职，然后就和那个男网管搞在一起了。我正要骂她女朋友不是个东西，他说那份兼职是他给他女朋友找的。

对，就是这样，他把他女朋友送给了那个男网管。真的，我很难理解他当时是怎么想的，竟然会让自己的女朋友去网吧里兼职做收银员，而且上的还是夜班。

我说得难听一点，这简直就是活该！但是我又不能这样说，作为他的朋友我也只能安慰他节哀顺变，这样的绿茶婊早跑早利索，况且现是毕业季嘛，就应该经历一段痛彻心扉的分手。

后来我那个同学一个人离开了那里，把他花钱租来的房子留给了他女朋友和那个男网管。一个月之后他又联系我，告诉我他又被甩了。我本来想要感叹他找女朋友的速度竟然如此之快，他就告诉我，前一段时间他和他女朋友复合了，结果没过几天他女朋友又甩了他和男网管在一起了。这恋爱谈得简直就像过家家一样。

后来他就抱怨他女朋友傻，被人家骗，还说他对他女朋友多好，反正就是这一类缅怀的话，我知道他内心里还期盼着他女朋友会再度回心转意。但是那个时候我的内心其实是有些鄙夷的，我这个同学显然被爱情冲昏了头脑，都不知道自己在干吗了，自尊、脸面全不要，只要他女朋友。我当时真的很想问问他：就算你女朋友再回来，你还敢和她在一起吗？

再后来我这个同学就去考研了，理由更是奇葩到不行，因为他们班有个同学实习的时候在车间里被机器轧了手，他觉得自己的专业去工作实在太危险了，就想再往上考考，考上研究生等以后毕业了就可以天天在办公室里喝茶，再不用下车间了。

我想，去考就去考呗，这也不是什么坏事，结果后来他也没考上。又白白浪费了几个月的时间，一转眼又到了过年，我回老家之后和他见了一面，他说他要去工作了，过完年就走。

我心想他终于找到点正经事干了，就说挺好，男儿就应当自强。结果过完年他走之前去了一趟他大学同桌那里，那时候他同桌正在参加培训，准备考公务员，他觉得不错，结果又不想去工作了，直接就地留下，花了上万块钱报班参加培训，准备奋斗两个月一举拿下公务员考试。

两个月后他又联系我，告诉我公考已经结束了，他准备回学校去处理一些遗留事项。我问他考得怎么样，他说培训时间太短，没什么把握。结果后来真的没考上。就这样，毕业快一年了，他就一直这样无所事事地瞎晃，不仅一分钱没挣着，还各种啃老，花的钱比上学时还多。

问题是他还一点收获都没有，把一切都弄得一塌糊涂。后来他再找我我就不知道该说什么了，他这样的人说白了就是没主见，看到人家做什么好就跟风去做，而且做事优柔寡断，当断不断。结果，最后倒霉的还是他自己，他一事无成，他女朋友却考上了研究生，和网吧的小网管天天潇洒去了。

他用不到一年的时间赶了那么多次场，跟风似的做了那么多事，最后的结果就是什么都没做好，还赔上了一个女朋友。

但是能怪谁呢？

还不是怪自己！

3

你做了什么，你就会成为什么。

你坚持不懈地写小说，早晚有一天能打通任督二脉成为小说家；你日复一日地练舞，总有一天能够站到镁光灯闪烁的舞台上；你坚持不懈地做设计，早晚有一天你设计的服装会出现在店铺的橱窗里。这些都是你想要做，并且一直坚持在做的事情，成功了也是理所当然。相反，如果你不知道自己该做什么，想做什么，那么最后只会一事无成，把生活弄得一塌糊涂。

人生并没有多少次重来的机会，很多人经历过一次失败之后就一蹶不振，根本没力气重新再来。那些有勇气重新再来的人最后都成了他们想要成为的人。而对于我们来说，有时候有力气重来，但是不一定有胆识重来；有时候有胆识重来，却又没力气重来，生活并不是所有的天时地利都集中在你的身边，一个人最好的年华就那么短短的几年，一旦错过，只会越过越糟糕。

当然，结果都是相辅相成的，你现在拼命地玩，以后就得十倍二十倍地加班；你现在找不到方向，以后找到了方向就得加大马力不眠不休地向前赶路。否则，你就会成为一个不折不扣的loser！

你应该认真做好一件事情

1

文艺青年是一个上知天文下知地理，心灵鸡汤能管饱的群体。

一顿饭，他们知道应该怎样才能吃得身心舒畅；一盆花，他们知道应该怎样才能养得赏心悦目；一条河，他们知道应该什么时候去沿河散步才能洗涤心灵；一件事，他们知道应该怎样做才能做到最好。

对，最大的问题就在这里，文艺青年知道一件事情应该怎样做，但很多时候他们都没有真的去做。或者说，文艺青年从一开始就把自己当成了一个“指挥者”，因为他们博览群书、口若悬河，这个角色对于他们来说简直再适合不过了。

但事实上并不是这个样子的，有句话叫说得比唱得好听，还有句话叫没吃过猪肉还没见过猪跑！

这说的应该就是文艺青年们对待生活的态度，“指挥”其实是一件很简单的事情，我们可以把一件事情说得天花乱坠，说到别人眼花缭乱，信以为真。

这样说吧，一个人只要长到了一定的年纪，有了一定的见识，吃了足够多的盐，过了数不清的桥，基本上也就有了一套属于自己的理论，并且对此深信不疑，经常拿出来蛊惑别人。

就像年长的人永远在教你要坚持理想，要勇往直前，要敢作敢当，成为一个对社会有用的人。但是他一转身就开始虚与委蛇，开始畏首畏尾、瞻前顾后，无非是因为他做不到这些事情。

因为这些事情很难做到。

坚持的人不论成败都要坚持一辈子，哪怕在终点前一米都不能停下，否则就是半途而废；勇往直前的人就要一直走下去，撞了南墙也不能回头，否则就是畏首畏尾；敢做敢当的人就要一辈子都冲在前头，否则就是胆小怕事。

2

一件事情坚持做一天两天，相信大家都能做到；坚持做一两个月，也有百分之八十的人可以做到；坚持做一年两年，还是有百分之四十的人可以做到；但是一直坚持做下去，坚持到连你自己也不知道什么时候放弃，能做到的人绝对不超过百分之十。

因为认真地做一件事情真的不是很容易，有的时候甚至还会夹杂着痛苦和惶惑，以及众多的阻力和周围大多数人的不理解。

所以，永远都是说起来容易做起来难。

我刚开始写小说的时候写得很烂，怎么看怎么烂，后来知道是自己的阅读量不行，就开始恶补各类书籍，从钱锺书看到张爱玲，从沧月看到金庸，从刘震云看到苏童，从古龙看到芥川龙之介，我写小说不过七年，其中有四年半的时间都在看书，书看得越来越多，写得也越来越好，但是其中还是会有艰难的时候。

那是真正的艰难，因为既无法言说也找不到倾诉的对象，所以只能一个人默默地消化，一个人辗转反侧，明明看起来很明事理很开朗的一个人，内心却被各种不可思议的念头缠绕着，久久不能找到答案。

我记得有一年的十月份我写完最后一篇文章，接着就开始陷入一段漫长的瓶颈期，再也写不出一个字。那段时间我很压抑，看了很多电影，读了很多本书，但是就是怎么写都不对，就是找不到以前写小说时的那种感觉，无论我前一天晚上写出来多少，第二天早晨起来看到都要全部删掉，看着一个个空白文档手足无措。那段时间我身边的朋友都以为我患了抑郁症，还一度建议我去看医生。

直到第二年的春天，一个编辑忽然来找我约稿，我才试着重新拿起笔写文章，结果写得比以前的任何一篇都要好，而且从文风、体例、故事的立意等各个方面都比以前写得要好太多。

这时候才知道之前的那个瓶颈期是一个巨大的过渡，但是如果不是那个编辑来找我约稿，我可能就真的放弃了，因为在那个漫长的瓶颈期里，我对自己产生了巨大的怀疑和不自信。

直到那个时候，我才发现原来一个人要认真做好一件事情真的很不容易，刚开始的时候我们被一件事情所吸引，很大一部分原因都是因为我们找到了其中的乐趣。我们之所以去做，或者说想要入门，完全是为了挖掘更深层次的乐趣，但是当我们走到一半的时候，所有的乐趣都消失不见了。

这个时候我们开始迷茫、不自信，甚至怀疑这样做是否是对的，这个阶段是比较特殊的阶段，在这个阶段里如果你胆小一点，就会向后退，如果你勇敢一点就会向前冲，这是一个食之无味弃之可惜的鸡肋阶段，很多人都是在这个阶段放弃的。只有极少一部分人能冲过这个阶段，一直走下去。

3

当我一路走过来的时候，我发现了一个奥秘：如果一个人能做好一件事情，那么他同样能做好其他任何一件事情。因为每件事情的性质或者完成的方式虽然不尽相同，但是道理都是一样的——就是坚持。

只要你能坚持、肯坚持，那么三百六十行里，无论你选了哪一行或者从这一行跳到另一行，你都能做状元。

我大学的时候还跳过几年街舞，完全是从零基础开始，不到一年，就能上台表演，跳到两年的时候，学校迎新生表演走位的时候我已经可以站在前排。

这两年的时间里，我亲眼看见社团里从最开始的两百多人减少到最后的三十个人不到，并没什么其他的原因，有的人就是上课的时候拉了一下韧带，下堂课就疼得不敢来了，更多的都是体会到什么叫“台上一分钟，台下十年功”之后而坚持不下来放弃了。

这些人只是对表演感兴趣，觉得能站在舞台上跳舞是一件很装×很拉风的事情，但是他们并不想付出努力和汗水，他们只想尽快获得最后的结果。一旦发现整个过程中大部分时间都在灰头土脸地训练，他们马上就会放弃。

其实他们的内心也知道应该要坚持下去，也知道就这样放弃是不对的，但是他们的身体却没办法再继续下去。

所以，很多时候我们都在想着“应该”二字，但是从来不肯真真正正地去做一回，而不真正地去做一回，你永远也不知道一件事情的乐趣在哪！

而且，做一件事情，凡是不能坚持到底的，都不算是真正地做过。

世界上没有所谓的捷径

1

世界上并没有所谓的捷径，不管你多聪慧，多机智，事情都是一件一件做的，繁杂、琐碎，而且有时候我们还会做一些毫无意义的事情。

文艺青年属于早熟的一些人，虽然他们有些方面看起来很弱智，但是大道理他们其实懂的比谁都多，我曾经在火车上遇见过这样一个文艺青年。大家都是萍水相逢，彼此之间并不熟悉，聊了几句之后才发现也算得上是老乡了。不过以前并不认识，于是就瞎聊，火车上的聊天内容基本都是大道理、鲜鸡汤，喝到下车基本上能把你给喝吐了。

结果就是这样，我和那个人还活活聊了七个小时，从下午一直聊到晚上，其实我并不想说了，可是碍于面子，真的不得不说，还都是说些没用的。就像某部电影里的一句台词一样：听过很多道理，但依然过不好这一生。也就是说道理甩了一大堆，然而对人生并没有什么作用！

这是为什么？因为很多时候我们只是听了这些道理，并没有去做。不然怎么会有“说得比唱得好听”“站着说话不腰疼”这类至理名言呢！

事实上，一个人懂得的道理多了，往往就会想着不劳而获，或者找一条捷径，抄近路过去，但这样的结果往往不怎么样。

2

我这人有个毛病，喝酒喝多了不耍酒疯，而是喜欢拉着别人谈人生谈理想。

有一次在酒桌上喝多了，非拉着一个姑娘谈人生和理想，结果那姑娘也是出口成章、舌灿莲花，句句都说到我心坎上，说完还满脸一副“我懂你”的样子。我当时很激动，以为终于遇见知音了，走之前非问那姑娘要了联系方式，说以后写了东西给她看。

后来我回去之后真的是一直安安静静地在写东西，想着有朝一日写好了再和那姑娘好好聊聊，让她过过眼，给我点评几句。

后来我的一个朋友告诉我，那姑娘根本不是文艺青年，最多就只是看过村上春树小说的目录和简介，至于找她点评，结果肯定和那天喝酒时说的话一模一样。

我问为什么？

朋友说，因为她对待文艺青年就只有这一套说辞。我表示质疑，朋友说，那女的属于八面玲珑的那种，非常适合应酬，见人说人话，见鬼说过话，而且句句说到你心坎里。后来一段时间我特意关注了一下那个女孩子，果然和我朋友说的一样，见人说人话，见鬼说鬼话，你根本不知道她到底那句话是发自肺腑的。

也就是说，她见到我的时候只是走了一条捷径，让我把她看成一个真正的文艺青年。

这是那个女孩子走的捷径，假装自己是文艺青年，假装永远不会穿帮，假装别人会因为她表演出来的真诚而高看她一眼，可是最终的结果只能是穿帮。

或许她真的想成为文艺青年，但她并没有吃过文艺青年该吃的苦，也没有做过文艺青年该做的事情。说白了就是虚有其表，装装样子而已。我不知道对于文艺青年这样一个饱受诟病的群体，她为什么还要冒充，这是多无聊的一件事啊！更无聊的是她最后还被一个二逼文青看穿并且拉黑取关了。

你看捷径不好走吧！因为你不是真的，早晚会露馅的。

有时候有人出一道难题，然后我会装出自己在认真思考的样子，蹙眉、咬手指、嘴唇咬得发白，最后无奈地摊摊手，表示自己无能为力。这是我给自己找的一条捷径，因为我实在是想不到办法，而且又不想得罪朋友，所以只好装模作样地思考一下。

因为有时候别人就是你最大的捷径。

曾经有一个小姑娘加我的QQ，跟我抱怨说她的稿子一直不过，说得很玻璃心的那种。后来我被她巴拉得不耐烦了，但是又不好打击她的积极性，所以只好装模作样地敷衍她说没关系的，我的稿子也经常被编辑毙。结果她没看出我的敷衍，反倒较了真，一个劲儿地问我：“为什么你会觉得没关系呢，为什么啊？”

我被她问得彻底失去了耐心，就回了一句：“因为被编辑毙掉的是你的稿子，关我屁事！”

结果那姑娘的头像瞬间就黑了，过了一会儿就从我的列表里消失了。

虽然你看到了我的刻薄，但是我想告诉你的是，那姑娘分明是想从我这里获得肯定，获得一条过稿的捷径。

当然，这种捷径不能说是没有，肯定有，就是成为大神，不仅过稿快，杂志还把你当祖宗似的惯着，让你肆意妄为，没人敢对你说不，最后还会给你丰厚的报酬。

够牛掰了吧！

可是大神是怎么来的？

大神也是一步一步走上去的，大神曾经也是默默无闻的小透明，不停地收到退稿信，全世界的杂志都在打击他。如果他稍微迟疑一下或者退缩一步，就不会成为今天的大神。

3

我至今都记得自己从写小说开始，到在杂志上上第一篇稿子用了五年之久。这五年里很多人劝我放弃，很多人觉得我有病，还有很多人站在一边等着看我的热闹，而我唯一能做的就是默默地坚持下去，写不出来就看书，看多了书就想该怎么写，就这样不停地充实自己，把别人打游戏、泡妞、睡懒觉的时间都用在看书、写小说上面。

就这样，后来我写的东西终于上了杂志，也签了合同；再后来，我又认识了很多其他的编辑，慢慢地有了一些属于自己的资源，写出稿子来知道投给哪家杂志合适。

这个时候，之前那些人又跳出来说我运气好，要不然怎么别人都无所事事甚至默默无闻呢，怎么就我一个人在路上全速前进了呢！一定是运气好。

对此，我真的无话可说。不可否认，我是做过那种突然爆红，出书畅销百万，成为畅销大神的白日梦。可是理想很丰满，现实很骨感。往往是一篇杂志稿还得改了再改才能通过，我之所以能走到今天，是因为我一直在写，从来没有偷懒，我每一次进步都是实打实地前进。因为我知道世界上并没有所谓的捷径，假装一次两次没关系，可是当你遇见真正的有内涵的人的时候你会心虚，你的缺点会暴露无遗。

所以，文青们，我们懂得很多道理之后要做的事情是踏踏实实地去实践这个道理，而不是想为什么还过不好这一生。

很多事不是靠想的，是真真正正地去做才可以的。

曾经在一个朋友的空间里看到过这样一句话：你吃的苦、受的罪，都将会照亮你未来的路。如果你只是不停地讲道理或者装作很牛掰，那很抱歉，你应该去当老师！

请把耳机摘掉

1

我想，文艺青年应对突发事故的无力，很大一部分原因跟他们走路喜欢戴耳机有关。

相当一部分文艺青年只要出门就会把耳机塞进耳朵里，然后两耳不闻机外事，目不斜视地前进，浑然不顾周围的世界。

这是一种逃避的表现，虽然文青们总是强调他们有自己的特点，可是如果这个特点是逃避世界的话，那么也算不上特点吧，应该算缺点！

文艺青年是追求慢的人，可是世界却变得很快，文青们跟不上世界的节奏，为了避免被人嘲笑，恐怕也只好戴上耳机假装特立独行吧！

但是事实却不是这个样子的，你走路一定要戴耳机的话，我只能说那么你出车祸的概率比别人大很多。这种涉及人身安全的事情是不能开玩笑的，你的眼睛只能盯着前方，那么后方和左右呢，谁知道车会从哪个方向过来呢？

你千万别拿自己走人行道之类的烂借口当理由。人行道就安全啊，你难道不知道电瓶车在街上有个空就能钻过去吗？那些骑电瓶车的人，在街上很多时候都不走机动车道，他们就在人行道上来来回回地瞎晃。有一次我在超市门口看到一个女人拎着东西出来，想穿过人行道到公交站牌下去等车，因为是人行道，她也就没看路，结果拐角突然冲出来一辆电瓶车，把那个女人给撞倒了。

我坐公交会晕车，所以很多时候出门都喜欢戴着耳机，有时候还没上车就把耳机塞进耳朵里了，以至于电瓶车从后面突然冲过来的时候我根本就听不见，不管对方怎么摁铃我都听不见，有的时候人家看我不让就从后面绕开了，有的时候根本绕不开，得亏我朋友经常会在边上拉我一把，把我给拉到马路边上去，不然我很可能就没机会写这篇文章了。

到现在我都记得有一次我过马路的时候没看车，因为那是我们学校生活区和教学区的一条马路，上面虽然画着斑马线，但是并没有红绿灯，我过去的时候刚好有一辆大车迎面驶来，我当场就吓呆了，不知道该进还是该退。当时司机在车上也看见我了，估计他觉得那个车速肯定会撞到我，应该是全力在刹车，我明显感觉到那辆车在路上扭曲了一下，然后速度降了下来，然后我才反应过来，赶紧往回退了几步，让车先走了。

文青们，千万别觉得这不是什么大不了的事情，也别说你没车跟人家有车的比是弱势群体，法律会保护你。这些是没错，可是你别忘了，就算你是弱势群体，就算法律保护你，判司机陪你医疗费、精神损失费以及各种费用，但是最后受罪的还是你自己啊！

法律再公正，但它不是乾坤大挪移，没办法把你的伤痛转移到别人身上去，一旦你真的被撞，躺在医院的是你，被包成木乃伊的是你，可能会有后遗症的是你，这些都是钱解决不了，但是也只能靠钱解决的问题——也就是说人家赔你钱，你在医院里躺着。

可是，这真的是你想要的理想结果吗？

2

当然，也会有文艺青年为自己辩驳：我戴耳机无非就是想要靠音乐屏蔽外界的信息，然后沉浸在自己的世界里。

不过，你确定音乐是这种作用吗？

大家都知道，如果一个人失恋了，他可能会一个人喝酒喝到醉，然后跑到KTV里去鬼哭狼嚎一整夜。你看，这个时候音乐的作用是发泄情绪。

有的时候音乐是一种情绪，我记得当年看古龙大师的《陆小凤传奇》的时候，耳机里不停地在循环《朱砂泪》这首歌，结果后来书都看完了，过了很久，我只要一听到这首歌，就会想起四条眉毛的陆小凤。

总之音乐绝对没有逃避的功能，因为很多歌曲都是在恰当的时候听才会听出韵味，如果你整天不停地在听，不分场合、不分地点地在听，那么你除了把一首歌听烂了之外，恐怕唯一的好处就是把耳朵听出茧子来。

我整天戴耳机的时候就是这个样子，不知道听烂了多少首歌，最后听得自己都恶心了。有一次我摘掉耳机之后，听见窗外的鸟叫，竟然觉得亲切，我觉得自己已经很久没听过鸟叫，没听过下课后校园里的喧闹，没听过街道上隆隆而过的汽车声，以前觉得它们很讨厌，但是那一次我觉得很亲切，很想和它们融为一体。

而且说真的，如果你不肯摘掉耳机的话，那么也就不要整天想着出去旅行啊，或者去陌生的地方看陌生的风景之类的事情。没有用的，对于一个戴着耳机的人来说，不管在哪里都是一样的，你光拿眼睛去看，而不听外面的声音，就像在看照片一样，是无法领略一个地方的风情的，因为你没办法身临其境，感同身受。

我大学时学跳舞认识的一个女孩子，有一次她一个人跑去西塘玩，结果一路上耳朵里一直塞着耳机，她回来之后我们问她在西塘玩得怎么样。结果，她说没什么呀，和学校里差不多！

而且，一直戴耳机会让你停止思考，因为听音乐的过程中你在感受音乐，脑子里根本想不了其他的事情，也就是说如果你一天二十四小时里有超过十二个小时都在戴耳机的话，那么就表明你离行尸走肉不远了。

我表哥也是走路戴耳机一族，结果无论他女朋友跟他说什么，他都是点点头，从来都不用脑子去想，后来他女朋友忍无可忍，向他提出了分手。

人们常常说喝酒误事，但是一个人就算再喜欢喝酒，也不可能一出门就喝，走在路上也喝，甚至上车也喝，更不可能将每天大部分时间都用在喝酒上。

所以说，就算喝酒再误事，也比不上戴耳机误事，你跑到外地去旅行，晚上小酌几杯只会加深印象，烘托意境，可是你戴着耳机去旅行，去了就跟没去一样，有什么意思啊！

况且，文青不是还要思考吗？

戴着耳机还怎么思考！

鉴于以上种种，建议文青们把耳机摘下来吧！除非你像我一样，坐公交晕车，否则尽量少戴，有浪费生命的嫌疑。

唯故乡与真爱不可缺席

1

有些事情是不能缺席的，比如故乡，因为一旦离开，就意味着回不去了。

文艺青年喜欢流浪，向往远方，更加注重心灵的感受。文艺青年所喜欢和偏好的一切都造就了文青是没有故乡的人。因为故乡在你的流浪中消失。

故乡会在你到达远方的时候一点点改变，变得面目全非。就算什么都没变，多年以后当你回来的时候也会觉得物是人非。没错，故乡还是那个故乡，但你却已经不是当年的那个你了。很多事情在你离开的时候就已经在悄悄地改变，慢慢地消失了，你心心念念地回来，想找的其实是印在你脑子里的当年的故乡吧！

很多事情都是这样，你不能缺席，就算天大的理由也不能，因为一旦你离开然后再回来，就算还是原来的配方还是原来的味道，却没了原来的感觉。

这不仅仅是说给文艺青年听的，是说给所有背井离乡的人听的。

没错，事实就是这个样子的。

我的大学生活是在南方度过的，虽然总体上看来学到的东西比较多，从理性的角度分析的话绝对是赚了。可是很多时候，尤其是当我午睡醒来之后想起我北方的老家的时候，我情愿自己能学得少一点，离家近一点，这样也不至于对故乡的感觉变得越来越陌生。

我记得我上到大学二年级的时候，有一天晚上忽然想到，我到了这么远的地方念书，以后可能都回不去故乡了，就算回去也要历尽艰难。

事实证明我是对的，毕业之后我留在上学的城市上班，但是半年之后就开始想要回家，这个时候艰难困苦真的出现了，一个人在外面久了，老家不是说回去就能回去，就算不能衣锦还乡，风风光光地回去，也得体体面面的吧！况且我那个时候参加自学考试，还差最后两门没有考完，总不能灰头土脸地回家去上班然后每到考试的时候都再像条狗一样坐两夜一天的火车回学校去考试吧！

所以回家的事情只好一再拖延。

那年我已经没有寒暑假，所以一整年都待在外面，只是偶尔给家里打个电话报报平安而已。

结果公司放年假我走进家门的时候，我奶奶看了看我，然后问我爷爷：“这是谁啊？”

你看，这就是缺席的后果！说真的，那个假期我在家里一直觉得不自在，总觉得哪里不对劲，但是又说不上来，直到假期结束离开家的时候我才觉得好一些。

后来我在车上的时候才反应过来，原来我心底的故乡早就消失了，以前茂密的树林不见了，曾经一起长大的小伙伴也不会再聚在一起玩了，再去爬以前爬过的山也找不到从前的感觉了，连我奶奶都认不出我了，我已经变成一个局外人了。

那么，到底是时间带走了故乡还是时间带走了我呢？其实都无所谓了，反正一切都已经不一样了。我唯一能做的是，赶紧把一切都处理好，尽快回去，不然下次回去说不定我爷爷也不认识我了。

真的，就是从那个时候起，我发现其实你看没看过这个世界并没什么关系，到没到过远方也没有关系，因为远方就在你跟前，你离开的地方就是你的远方。你所能到达的地方都算不上远方，一个人到达地理上的远方容易，因为你能在地图上找到一个坐标，规划一条路线，坐火车、飞机、骑行或者徒步，总之你很快就会到，而且目标不会变。可是心里的远方却是飘忽不定的，有时候明明快到了，可是定睛一看却还有很远；有的明明已经到了，却发现并不是自己想找的地方。

到得了的地方，都算不上真正的远方。

2

喜欢的人的生活也同样不可缺席，因为一旦缺席，就意味着形同陌路。

我大学时参加辩论赛认识的一个女孩子，她男朋友高考的时候因为一点意外缺席了考试，迫不得已只好留在高中复读了一年，女孩子很喜欢她男朋友，每个周末会乘车回去看她男朋友，还鼓励她男朋友好好学习，她在大学里等着他。

这很难得，因为我们学校里其实有很多人都在追那个女孩子，可是那个女孩子还是一心只想着她男朋友。说白了，一个人在大学里见过的世面、受到的诱惑远比在高中时要多得多，就连异性也比高中时多很多，所以那个女孩子能把持得住不变心，可见是真心喜欢她男朋友的。

可是，没过多久，我就听到他们两个人分手的消息。没有任何预兆，没有任何提示，某个周末她再次回去看她男朋友的时候，对方就跟她提出了分手。

至于理由么，对方说："我们两个现在不一样了，不适合再在一起，如果有缘以后再见。"

这叫什么话嘛，那个女孩子泣不成声，一个人伤心难过地回了学校。我虽然很为她打抱不平，可是冷静下来想想，他们两个确实不一样了。

不是说异地恋就一定会失败，而是他们接触的层面不同，接受的东西不同，观念上已经开始产生距离，就算那个男的当时不提分手，我相信过一阵子女孩子也会提分手。这个结果从女孩子迈进大学校园的那一天就已经注定了。

因为，她先上的大学，这就意味着以后无论什么事她总是先她男朋友一步，她会先大学毕业，先步入社会工作，先明白一些道理。所以他们两个人之间是不对等的，这种不对等虽然是由她男朋友的意外事故造成的，可是必须由她来埋单。否则，她就会缺席她男朋友的生活。

想想看，你每周回去一次，说上一整天的话，也比不上每天在一起上课下课吃饭吵架吧！

你回去是代表你想要了解他身边发生的事，而你和他在一起是在参与他身边发生的事，这两者有根本性的区别。

了解的总会有偏差和滞后，甚至有一天，一方不想让另一方了解，就会开始隐瞒，或者一方觉得累了，不想再去了解，都会造成分手。而参与却是不管你愿不愿意，我都知道你身边发生的一切，不管发生什么事情我都与你同在，你的生活和你的过去是我们一起书写的，从前直到现在，我一直都在。

所以很多时候我们都要委曲求全，我们宁愿某些方面差一点，把另一方面补全一点——我情愿慢一点，因为后面有人走不快。我们需要参与喜欢的人的生活，而不是缺席之后去了解不全面的片段。

因为一旦缺席，就意味着形同陌路。

所以文艺青年们，你们懂了吗，失去的东西是找不回来的，所以你人生中的每一个决定都要慎重而且全面，千万不可以意气用事，不然你失去的将会远远超过你所得到的。

别再刷存在感

1

如今，很多人动不动就会说——怒刷存在感。然后就跑到朋友圈或者微信、知乎上一通巴拉，过完了嘴瘾就算找到存在感了。

其实这样并不算是真正的存在感。

有些人为了引起别人的注意而不惜花上很多时间一个人默默地去做一件看起来不靠谱的事情，他们花了很长一段时间，忍受各种非议，只为了有一天能来一次惊艳的亮相，然后从此封神，被众生铭记。

这才是真正的怒刷存在感，跟这种人比起来，那种在知乎上或者朋友圈里巴拉的人简直就是无聊透顶。

这些默默耕耘的人中，有很大一部分都是文艺青年。千万别不相信，要不文青怎么会每天辛辛苦苦地付出，嘴上却还嚷嚷着不是为了钱呢！从文青的各种表现来看，钱确实没有被他们放到第一位，如果是想要钱的话，世界上任何一件事情都比文艺来钱快。所以，文艺青年之所以会文艺，其实是想要刷一把存在感。

起因有很多，总之是生活中的各种不如意，各种不被注意，才会引起这种对存在感的渴望。

我记得自己走上文青的道路时，当时想的是想要找一件事情可以不为钱、不为名、不为利地做一辈子，可是之所以会选择写小说，还有一个原因，是因为我想要让自己创造出一样东西，跨越的时间超过我生命的长度。

王小波先生不是说过吗，一个人只拥有此生此世是不够的，他还应该拥有诗意的世界，我不想拥有诗意的世界，我只想除了此生此世之外，再拥有来生来世。就像古代的文豪一样，诗篇流传千古，时至今日，依然有人研究他们的诗作，揣摩他们千百年前的所思所想。

我觉得这是一种莫大的存在感，一个人的生命突破了时间的限制，以诗文为载体，呈现在后世人的眼中。

有多少人因为这个想法走上了文青的道路，影响了自己原本的生活轨迹。

千万别嘴硬，说这是理想，这是你追求的幸福，仔细想一下，你真的幸福吗？你知道真正的幸福是什么样子吗？

真正的幸福应该是在柴米油盐中度过一辈子，在锅碗瓢盆的磕磕碰碰中走下去，有过争吵，有过甜蜜，有过煎熬，有过快乐，这样在生命的最后时刻总结起来，原来酸甜苦辣都尝过了，此生无憾。

如果是为了找寻存在感呢？你的人生会偏离原本的轨迹，走上一条与众不同的路，这条路会在某一天帮你获得瞩目的存在感。

2

随着时间的流逝，阅历的增长，我开始发觉从前的一些想法是错误的。

一个人终其一生的努力、学习、成长，在纠结与痛苦中度过，也许你能留下一部惊世骇俗的作品，但是绝对没办法刷出存在感来。

人死如灯灭，你只能拥有属于你的此生此世，绝对没办法到达来生来世。

我们读李白的诗，揣测他写诗的心情，想象他是怎样的一个人。但这终究只是我们在做的事情，跟李白没有任何关系，他甚至都不会知道。所以，如果要刷存在感的话，你实在不应该走上文艺青年的道路，你的与众不同、特立独行，甚至一些超前的想法，都是你顶着巨大的压力获得的。但是反过来，你却发现自己辛辛苦苦地做了那么多，并没有得到自己想要的结果。

我朋友涓涓是单亲家庭，父母离异的涓涓从小跟着妈妈生活，这使得涓涓极度缺失父爱，想要在父亲面前获得存在感。

于是她从很小的时候就开始看书，立志要在十八岁之前出一本书。涓涓以为这样她爸爸就会注意到她。可是事与愿违，涓涓的爸爸在她十六岁的时候再婚了，跟现任妻子很快也有了小孩，由于把大量的时间都投入到新的生活里，所以涓涓的爸爸实在是无暇顾及涓涓，除了每个月按时把生活费寄给涓涓，这对父女再无其他交集。

高中毕业前，涓涓已经在网站上连载自己的小说，是青春题材的小说，我认识她之后曾经特意到网上去找过，写得很不错。

可是后来涓涓突然就断更了，不写了。

我问她为什么，她说其实自己并不喜欢这样的生活，她以前这样做只是为了吸引她父亲的注意力，来弥补她这些年缺失的父爱，但通过看书写字她明白了一个道理，其实她父亲不会再回来了，她所缺失的父爱也终究不会有人来弥补。最重要的是，她不想因此而偏离自己原本的人生轨迹。如果她为了获得缺失的父爱，而偏离自己原本人生的轨迹，这不是得不偿失吗？况且，已经缺失的父爱，要怎么弥补呢？就算看尽天下的书籍，也换不来一个说一句“般若波罗蜜”就能让时光倒流的月光宝盒。

所以涓涓选择放弃，不再执着于这件事情，而是去努力过好自己应该过的生活。

有的时候，一个家庭里有两个小孩的话，老大乖巧懂事各方面都很优秀，然后老二基本上就是一个反面教材，天天打架闹事，人品各种不好，成绩也拖后腿。其实有些时候倒不是他真的想要这么做，可是他不这么做，父母就不关注他。为了获得父母的关注他只好这样做。

而且这样的做法从某种意义上来说是对的，因为不管用什么方法，他在恰当的时候及时获得了自己想要的东西。

而文青，你花了大量的时间和精力想要获得存在感，过了很久之后其实已经变质了，就算获得了也不再是原来的样子。

所以，你最好认真思考一下：是不是真的发自内心地喜欢文艺这件事情，如果你已经从前期的想找存在感蜕变成现在深入骨髓的热爱，而不是为了其他的东西，那么你可以继续走下去。

如果不是，那么你还是尽快找个爱人，然后组织家庭结婚生子吧！

当一个人被需要，他就会获得存在感！

Chapter 6 当我们懂事之后

有些时光即使给你重来的机会你也会选择放弃，因为那个时候的任性总是会让你忍不住地想翻到人生的下一页。

何谓青春不朽

1

每个人都崇尚青春不朽，文艺青年也不例外。

这也正是青春片大行其道的原因，再烂的东西套上青春的外衣就都变得值得一看了，管你什么车祸癌症治不好、什么kiss怀孕留学好，只要放进校园的围墙里，配上高大的梧桐树，俊男美女穿过树影斑驳的林荫大道，就会有人去埋单，正所谓良辰美景烂剧情，只要是发生在校园里的，文青就觉得是青春。

尤其是已经毕业的年轻人，生活在强大的社会压力下，却赚不到多少钱。相信有很多人睡眼惺忪地去赶公交车的时候都在想：如果能够回到以前该有多好啊？

2

是的，很多人，尤其是文艺青年，他们把人生的每一个阶段都分得很清楚，彼此互不关联，就是这样清楚明了的分割，使得回忆变得弥足珍贵。

可是，我想问一下，文青们如此怀念青春，你怀念的到底是什么？

是图书馆里历久弥新的书香，是半夜逃宿出去上网包夜的肆意妄为，还是决绝离去的恋人的容颜？

是的，这些东西是带不出来的，留在青春的断崖上的。想要重温，只能靠午夜梦回。

我一个朋友告诉我说，他经常会做一个梦，一个回到中学复读的梦。

在梦里，其他人还是当年的模样，只有他是现在的样子，而且他还有一堆大学退学的手续没办，于是他就特别恐慌，因为他知道自己其实已经念到了大学二年级，突然又跑回中学去复读，年纪比别人大很多，而且已经不再适应纯学生生活。但是他喜欢的那个女孩子在，在梦里他又见到那个女孩子，然后他用自己大学时的情商去泡一个中学的妹子，自然很快得手，就在这个时候，梦境戛然而止，然后他就醒了。

他说每次醒来之后都很伤感，因为做梦使他更清楚地意识到自己已经回不去了。

就是因为回不去了，一切都定格了，所以才会变得伤感吧！

因为在无数的过往的岁月里，深刻地印在你脑海里的都是那些未完成、没得到、做不到、拿不起又放不下的事情，你用自己现在的能力去对比当时的情况，你觉得有改写历史的可能，所以你会越发地怀念。

可惜没有哆啦A梦的任意门，你回不到过去，就算回去了，你还是当年的那个你，你仍然会不由自主地把当年的路重新走一遍，不会有任何改变。

3

我们之所以留恋青春片，向往青春不朽，无非是因为青春电影带给我们一种可能性，把我们带入情景中，让我们无限唏嘘、痛哭流涕、怒其不争、大呼不值，反正我们需要埋单的只是一张几十块钱的电影票，而不是为我们的青春埋单。

朋友把他做梦的事情告诉我之后，我问他：既然你如此怀念过去，怀念你的青春，那如果给你一次重来的机会，你愿意回去吗？

他想了一下，然后摇了摇头，说不会，因为回去要学数学，听爸妈唠叨，每天睡得比狗晚，起得比鸡早，实在是糟蹋人生！

是的，所以我们怀念的，都是那些回不去的，也永不想回去的过往，剔除掉乏善可陈的部分，然后给遗憾加料，炖出一锅热气腾腾的鸡汤，不毒死你誓不罢休。

其实，仔细想一下，难道我们的青春真的结束了吗？难道它真的在我们踏出校门的那一刻完结了，只能在回忆里重现吗？

别忘了，一个人的现在是由过去组成的，如果我们的过去完结了，我们就不会有现在，如果我们的青春不在了，我们凭什么走到今天呢?

最直接的证据就是毕业证，它强有力地证明了我们青春的存在。我们大学时学习的各种知识，考取的各方面的证书，它们在我们毕业之后帮我们找到一份工作，让我们获得温饱。这说明我们的青春延续下来了，它并没有消失！只是变得隐晦了，很多时候我们都难以注意它。

4

想要写小说是我高中时的想法，这个想法一直延续到大学，伴随我度过了短暂的大学生活。毕业之后我也没有放弃，只是做这件事情的时间被压缩了，所以变得高效起来，很多时候来不及抒情，来不及装腔作势，撸起袖子就得开工了，否则等下不是该吃饭就是该睡觉了。

可是当我看到出版社寄给我的样书的时候，我知道我的青春没有结束，我知道我青春里那些在图书馆里孜孜不倦的时光没有白费，那些让人难过的瓶颈终于发生了作用。所以我的青春一直都在，因为有一件事情从头到尾，将青春与现实贯穿起来，让它们紧紧相连，时刻提醒着我，青春还在呢，它一直在我身边，一直都在。

当然，有些事情我确实不会再做了，比如会很少包夜，开始戒掉游戏，开始以结婚为目的发展一段感情，但这都不是青春不在的证明，这是我长大的印记，证明我懂事了，不再像以前一样任意妄为了。

因为我终于明白了时间的宝贵性，它过得很快，我没有多余的时间去做那些没有意义的事情了。

对，就是这样的，文艺青年们不能因为生活变得规律、有计划就觉得青春不在。难道你想每天早起都来一次说走就走的旅行吗？你想随时随地都按自己的脾气做事吗？你想什么事情都按照你的心意来发展吗？

即使真的做到这样，那也不叫青春，那叫童话，你需要的仅仅是一个《葫芦娃》里蛇精的如意法宝。

人家都说文艺青年是成人世界里的小学生，这句话本身就带有嘲讽和贬义，难道你吃了这么多年饭，读了这么多年书，长大的只有身高吗？难道你对自己的未来没有过一点点规划吗？难道你的青春真的喂狗了吗？

如果是这样的话，那我只能说你根本就没有青春，你要知道成人世界并不是学校，没有人会等着你懂事的。

而真正不朽的青春是，在该玩的时候尽情地去玩，该学习的时候踏踏实实地去学，等到毕业的时候自然会有个完满的总结，青春会冲破你划分出来的界限，在以后的路上发光发热，照亮你的前途，温暖你的人生。

我们总是爱自己多过爱别人

1

文艺青年们总是爱自己多过爱别人，当然，这其实算不上是缺点，也不是自私自利，对于很多人来说这是一种本能的表现，但是对于文青来说，这是后天修炼的结果。

很多事情知道结果就失去意义了，因为有时候结果不是你想要的，所以你会在中途选择放弃，或者有时候路太难走，你会觉得付出与收益不成正比，依然是选择放弃。这是衡量的结果，只要知道结果，任何人都会事先权衡，而文青之所以会在文青的道路上一直走下去，无非是因为过程再苦，一旦成功，收益都是大于付出的，前有李白杜甫，后有当代的各个名家，会玩的不会玩的，你知道他们的名字，就算是成功了。可是，除了这件事情以外呢？

拿我自身为例，书本教给我太多的东西，有太多的东西想做，想学习，想要在生活中实践一番，可是一天就只有二十四个小时，有很多事情根本都来不及做，也根本做不完，今天做不完，明天做不完，一辈子都做不完，这就是学海无涯的威力，你可能用尽一生一世都没办法上岸。

就因为这样，所以每个文艺青年看起来不靠谱，整天做白日梦，实际上人家清醒着呢，现在生活得怎么样无所谓，可以没钱，可以被人瞧不起，但以后不会的。

因为每个文青都会在心里给自己的生活做一个预期，他们从没想过安安分分地做一条咸鱼，所以也没考虑过要不要翻身，因为咸鱼即便翻身也不过是给人家看到咸鱼的另一面而已。

而文艺青年们，他们想要的是鱼跃龙门。

他们给自己的预期就像是一个课程表一样，限定了他们今天做什么，明天做什么，排得满满的，不接受意外情况的发生。

所以，忍不住诱惑去网吧包夜是意外，老师上课拖堂是意外，在图书馆邂逅一个姑娘更是意外中的意外。

意外归意外，但是没人能保证自己不会心动，心一动，课程表就开始打乱，短期内其实没关系的，文青的课程表并不像真的课程表那么密集，他们是可以抽出一段时间来解决这次心动的。

陪姑娘玩一玩，谈情说爱，然后某天醒来的时候说：我还有更重要的事情要做，然后挥一挥衣袖，不带走一片云彩！

这种事情很常见吧！

而且文艺青年把对自己的预期加上了一种使命感，义正词严地分手，大义凛然地离开，其实无非就是爱自己多过爱别人，你能预期到自己的以后，便不肯为别人再牺牲一点点，因为你知道，哪怕是一点点的变数都会对以后造成影响。

所以你不敢去做，选择畏畏缩缩。

2

所以文艺青年很少会为了某件事情不顾一切，很少做孤注一掷的事情，文艺青年是不相信有奇迹发生的，他们相信有得必有失。

很多时候，他们都会为了自己心中的“大局”着想，留下满腹的遗憾和愧疚。

我的朋友A先生爱上过一个女孩子，他们是同班同学，可是时间比较尴尬，他们两个人写论文的时候被分在一组，经常一起去找论文老师，后来A先生和同学搬出去租房子，那个女孩子来玩过几次，一来二去，两个人之间暗生情愫，我们大家都看出端倪来了，可是A先生还是不愿意承认。

可A先生还是和那个女孩子走得很近，两个人对彼此都有一点感觉，但直到大学毕业他们都没戳破这层窗户纸。

毕业后女孩子回老家工作，A先生因为有些事情没有解决，暂时留在上学的城市工作，两个人之间刚好隔着一条浩浩荡荡的长江。

后来A 先生受不了相思之苦，终于有一次给女孩子打电话的时候问出“我可不可以追你”这样的话。

女孩子说：“当然可以了，就看你追不追得上。”

A先生说：“那我一周写一个故事给你看好不好？”

女孩子答应了。

可是A先生并没有写故事。

其实，打过这个电话A先生就后悔了。他根本没有为这段恋情预留足够的时间和空间，他早已经打算结束学校里的事情就回老家谋求一份稳定的工作，然后继续写小说。但是打电话的时候A 先生实在控制不住自己的情绪，一时头脑发热就说了出来，这是感情的迸发，光靠理性没办法控制。

于是A算是调戏了那个女孩子一下，然后就没有然后了。

怎么样?

是不是很过分，是不是想骂A先生是个贱人?

确实，我也很想骂A先生，可是A先生告诉我说，他承受不起那么多的变数，他想要尽快稳定下来，他和那个女孩子在一起还要考虑能不能一直走下去。如果不能，他留下来简直就是个笑话啊！从经济学的角度考虑，A先生留下发展的风险要高于回家发展，所以A先生一直倾向于回家发展。我问他回家怎么办呢？可能一辈子再也遇不到这么喜欢的姑娘了。A先生说他回老家找一份差不多的工作，等生活稳定下来之后，可以去相亲。

这就是他给自己的计划，虽然相亲之类的行为看起来有些吓人，可是真的是按部就班，没有一点差错，能保证A先生一步一步走下去。

我问A先生这是不是他想要的结果，他摇摇头，说不是，但这是他能看得见的最好的结果。

其实，有更好的结果，只是风险大一点，吃得苦要多一点，所以就选择放弃。也可以理解啦，毕竟人生没那么多重来的机会！

3

以前看过一个男军官和一个资本家小姐的故事，资本家小姐成分高，不受人待见，可是那个男军官却对她一见钟情，非她不娶。而军官的上级也下达了命令，说是要是非娶资本家小姐的话，就让他退伍，回老家种田去。

可是男军官一意孤行，通过各种各样的方法终于还是和那个资本家小姐结合了，并且也没有真的被遣回老家去种田。

无独有偶，那个军官有个同事，是个典型的文艺中年，天天说话文绉绉的，后来文艺军官的老婆去世了，文艺军官也想找个知书达理、和自己有共同话题的老婆，可那时候知书达理的成分都不太好，上级给文艺军官很大的压力，也是告诉他要娶成分高的老婆就要退伍。

文艺军官想到自己上有八十老母，下有嗷嗷待哺的幼儿，最终放弃了。

所有文青都是这样的，为了保住自己已有的、既定的方向，而放弃那些高风险的选择，最后用一颗文艺的心去过庸碌到不能再庸碌的生活，接受生活中的各种不如意。

其实，有的时候文青需要放手一搏的勇气，你只爱你自己，必然没办法收获到别人的爱情，有的时候勇敢地向前走一步，牺牲一下自己，会有意想不到的收获！

你要相信，没有人不爱你

1

没有人不爱你，只是你一直固执地认为自己不被爱。

文青就是这个样子，每个人都做出一副欧阳锋的样子，以为自己被全世界抛弃，躲到一片荒无人烟的沙漠上，以为这样就能得救。

其实，你只不过是浪费自己的时间来做一件完全没有意义的事情，因为没有人不爱你，是你自己太小气，只要你往前走那么一小步，也许就是另一种结果。为什么不勇敢一点，向前踏出一步去看看呢？

我认识一个朋友，不过我们要先从他的父母说起。

他父亲小的时候家里有两男两女兄妹四个，他父亲作为老大，过早地承担社会责任而不被父母宠爱。凡此种种造成了他父亲心理上的创伤，所以对于他们兄弟两个，父亲和母亲都比较宠爱哥哥，他哥哥的一切事物几乎都被父母包办了，据说上中学的时候他哥哥和同班同学闹矛盾被欺负，他父亲可以接连好几个星期，每周都去学校找老师。

可是到他的时候，他父亲就很懒散。开学前几天，他父亲趁有时间的时候把他往亲戚家一放，就不管了，他开学的时候一个人去报到，一个人找宿舍，基本上什么事情都是他一个人做的。

他觉得很不公平，为什么父亲那么偏爱哥哥，而对他却是放任自流。这是他走上文青道路的一个伏笔，因为他内心的缺失想要得到弥补。可是他的父母因为他的过度自立而更加放任他，除了给他生活费之外，基本上不关注他其他方面的需要。这使得他很长一段时间精神生活都相当空虚，也使得他从不轻易在别人面前示弱，即使有些事情他暂时办不到，他也总会一点点地努力做到。

后来他走上文青道路之后，他哥哥开始像一只泄了气的皮球一样，一路萎靡下去，智商下线，情商也开始不够用，还是要靠父母包办才能生活下去。

他记得他父亲曾经说过，供他们兄弟二人上完大学之后就不再管他们的任何事情，这句话只对他一个人起了作用，他大学毕业之后尽管仍旧十分热衷于写小说，可还是很现实、很卑微地找了一份能维持温饱的工作维持自己的基本生活，一边工作一边实现自己的理想。

同时做两件事情的难度大家可以想象得到，他那段时间过得异常清苦，可是他仍然一个人默默地承受，从来没向父母吐露半句。

可是他哥哥呢，自从大学读到一半觉得不如意而任性辍学之后，他爸爸妈妈几乎真的快要包办他的下半辈子了。一开始是找工作，找完工作之后又开始张罗着结婚买房子，虽然还没到生孩子那一步，可是他已经预见到，除非有一天他爸爸妈妈老了干不动了，否则他们将会一直为他哥哥操劳下去。

而他爸爸妈妈鉴于他这么多年来踏实且靠谱的表现，已经彻底把他归类于不用管的那一栏里。

他曾经愤恨过，觉得这样对他是不公平的，甚至他曾经一度觉得他爸爸妈妈的眼里只有他哥哥，他觉得自己就是一个多余的人。

2

于是有一次放假，他故意在外面耽搁了好长一段时间不回家，为了摸清自己在父母心中的地位，他还假装自己在外面惹上了事端，让父母掏钱替他摆平。后来他爸听说之后二话没说，当即表示要多少钱就马上给他汇多少钱过去，只盼他能尽快把事情摆平。

之后他回家，等待接受父母的暴风骤雨，没想到气氛出奇的平静。他爸爸很平静地对他说，花多少钱都没关系，只要你能平安回来就好。

这时候他终于感觉到父母对他的关心和在意，虽然心中不无愧疚，可更多的是他看到父母对于哥哥无底线的包容。

毕竟他只给父母惹出这么一次麻烦，还是假装的，可是他父母对他哥哥基本上属于无微不至的照顾，从吃喝拉撒睡到工作顺不顺心、同事好不好相处，事无巨细，每一件都要了解清楚。

有一次他哥哥在家抱怨工作很累，不想干。其实那时候他哥哥才上班两三个月而已，还没有适应过来。然后他父亲就安慰他哥哥，说要他再坚持一段时间，他现在就像一个正在上山的人一样，一直往上爬当然累了。

他父亲说到这里的时候，他无情地讥讽父亲矫情，他父亲就责骂他多管闲事。因为他的打断，“上山”的话题没有再继续下去。

其实，他是真的觉得矫情，他是他们家里最小的成员，可是父亲从来没有这样安慰过他，他父亲一直把他当成一个可以独当一面的成年人，叫他争气、努力，让家里放心。

他确实是这样做的，所以那些该有的关怀和安慰他从来没有得到过。对此，他内心始终愤愤不平。

直到有一次他哥哥打电话给他，那个时候家里正在张罗着给他哥哥买房子，他实在是羡慕得很。

结果他哥哥却在电话里对他说，父母对他管得太严了，每个月工资要上缴，平时都在他们眼皮底下晃，一点自由都没有。

他对哥哥说：“你有什么可抱怨的，你知不知道我多想有人这样管我，我什么事都要自己去抗，真的好累。”

结果他哥哥对他说：“如果有可能的话，我真的愿意和你换，我实在是受够了眼前的生活，只要谁能带给我一点自由，我会毫不犹豫地用眼前的一切交换。”

直到这个时候他才发现原来他自己并不是不被关心的人，站在他哥哥的角度想，他哥哥才是被抛弃的人，明明已经是成年人了，却因为自己不争气而被父母包办一切，就算偶尔有些靠谱的想法也会被父母否决掉。

而他呢，父母虽然很多时候都顾不上他，但是他的能力在父母的眼中是得到认可的，父母相信他所做的一切，而每当他要做些事情的时候，只要合情合理，父母都是举双手赞成。

挂断电话后，他自己想了想，如果叫他跟哥哥对调一下他是否愿意呢？

答案是否定的，他能走到今天不容易，一路上也吃了很多苦，他觉得与其成天被父母管束，还不如自由自在地在外面飞翔来得痛快。

况且他爸爸妈妈也不是完全不管他，一旦他出了事，自己摆不平时，他父母还是会第一时间跳出来为他埋单，只是平时有些顾不上他。

至此，他终于相信其实没有人不爱他，是他自己非要钻牛角尖而已。

难道不是吗？

任何事情都有两面性，我们总要朝好的一面看，父母终归是父母，没有哪个父母不爱自己的孩子，哪怕你很烂他们依然会爱你！

没去过××的人生怎么就不完整了?

1

“没去过××的人生是不完整的！”

这是文艺青年们常常摇旗呐喊的一句话，也是让他们奋不顾身去××的最强大的理由。当然这句话还有很多种形式，比如：

你上大学的时候经常会有人在你耳边说：“没有经历过挂科的大学是不完整的。”

还有超经典的那句：“没有谈过一场轰轰烈烈的恋爱的大学是不完整的。”

等到毕业之后，文艺青年们就开始高喊那句：“没去过××的人生是不完整的。”或者，“只有到过××才能洗涤心灵。”这个××可以替换成西藏、丽江、凤凰、阳朔以及任何一个文艺青年们心目中的旅行圣地。

但，我想问的是：没去过××的人生怎么就不完整了？没挂过科的大学怎么就不完整了？没轰轰烈烈地爱过的大学怎么就不完整了？

还有，我为什么非要到××去洗涤我的心灵？

来，文艺青年们谁能告诉我，这到底是为什么？

我记得大学的时候很多人都在标榜没有经历过挂科的大学是不完整的。我呸，这种人纯粹整天无所事事，好吃懒做，就算老师给了范围也不复习的主，嘴上说着“没有经历过挂科的大学是不完整的”，等真挂了科，要交补考费的时候，就开始心疼钱包里的毛爷爷，狂骂老师坑爹。怎么这个时候不追求完整了？

我还真就没听说过谁的大学生活是靠钱堆才能完整的，是靠每个学期期末都挂科才能填完整的，大学里有那么多社团，图书馆里有那么多书，院系每周组织那么多活动，学生会里那么多部门，随便在哪件事情上花点功夫，都不用去靠挂科去充实你的大学生活吧！

我大学的时候虽然没挂过科，但是后来参加自学考试的时候被数学卡住了。一门概率论，我前前后后一共考了五次才过，为了先考掉这门课我不得不放弃了其他科目，结果后来以至于我在外地支教的时候还要跑回学校去考试，说真的，我真是没觉得挂科就完整，只是觉得我考个试竟然还要经历这么大的波折，路途冗长无聊就算了，坐了几天几夜的火车去考一上午的试再匆匆地赶回去，回来直接“火冒三丈”，嘴巴肿得老高。

难道这就是所谓的完整吗？没有这些考试才叫完整好吧！

还有那句，没有谈过一场轰轰烈烈的恋爱的大学是不完整的，麻烦问一下，你说这句话的时候脑子里在想什么？

你光想着大学完整了是吧，大学就那么几年，你打算当成一辈子过是吧！这样的话你光谈个恋爱怎么算完整啊，你得生老病死都经历过一遍才算是完整吧！

我们寝室里一哥们儿大学里做兼职的时候认识了一个姑娘，爱得特别深，把其他什么事都忘记了，有一次他要考会计证，结果名都报好了，考试的那天却记错日期了，后来要考计算机二级，那个时候我们学校附近的那个辅导班已经不开了，只能跑到市中心去上课，嫌远又不想跑，后来考试直接没去。

结果毕业后去找工作，肠子都悔青了，要是那时候考了多好啊，拿着一张单薄的简历，他自己都嫌丢人。

最重要的是，他女朋友大学毕业就跟他分手了，两个人大学时爱得死去活来的，最后女孩子问："你能现在买得起一套房吗？"

我朋友当然买不起了，结果就只好分手了。

这样就完整了？

别告诉我，现在那句话又变成"没有经历过失恋的人生是不完整的"。合着怎么都是你对，这完整那完整的，有意思吗？大学的时候多考几个证书，多学一点本事才是正经事吧！不然说得难听一点，你可能只能谈那一场恋爱了，余生都只能用来回味了。

人还是要有点长远的眼光。大学时就算谈恋爱也得学会克制，不然耽误的是你的以后，你以为工作后还能像大学时那样闲暇啊？工作的时候你想考个证得自己下班后挤时间去复习，考试的时候请假还得看老板的脸色。

文青们，莫非这就是你们所谓的完整吗?

最惹人烦的就是那句“没去过××的人生是不完整的”和“只有到过××才能洗涤心灵”。

这两句话其实差不多，只不过后一句是前一句的变种而已。

你去过××又怎么样了，你不就是比别人多看了点风景，多走了一条路吗?还有你为什么觉得只有去过××才能洗涤心灵呢?难道在××可以买到强力去污粉吗?如果你觉得只有××才能洗涤心灵，那当地人天天被洗涤心灵应该早就变成活佛了吧!可是为什么人家一提起××地方的时候都会眉头一皱说“乱!”或者露出暧昧的笑意说“约炮圣地啊”。

你到了××地之后，在当地的酒吧里流连忘返，和里面推销酒水的姑娘勾肩搭背，这叫洗涤心灵?恐怕会越洗越脏吧!

2

记得以前在电影里看到过这样一个场景:

一个人生活里各种不如意，人生也没有什么价值，后来他决定跳楼自杀。他来到一处废弃的楼房，爬上去准备跳下去，这时候下面传来一个微弱的声音:“对不起，麻烦你能到别处去跳吗?”

那人一看，下面躺着一个乞丐，就问那乞丐:“我都要死了，你还让我到别处去跳？”

那个乞丐说：“反正你都要死了，就行行好，去别的地方跳吧！这地方白天的时候阳光好，你从上面跳下来，我明天就不能在这儿晒太阳了。”

后来那个人没有跳下去，也没再去别处跳。

因为他觉得自己不跳楼都能帮到一个乞丐的忙，那么如果自己继续活下去的话，一定可以帮到更多人，从而实现自己的人生价值。

拜托，各位文青们，这才叫洗涤心灵，这才叫完整的人生。如果你去过××、做过某事人生就算完整的话，那么你应该是满足的，但是如果你真的满足的话，又怎么会到处发朋友圈找存在感呢？你知道当你在××地洗涤心灵的时候，你错过了多少事情吗？

我大学在外地读的，一学期只能回一次家，每次回去都觉得家里变得好陌生，家还是那个家，可是我回不去了，我不知道我不在的时间里家里发生了什么事，我的父母经历了多少不眠之夜，他们又遇上什么难题了……这些我统统不知道，因为当我远在外地的时候，他们怕我担心，不肯把这些事情告诉我。

难道这就是完整吗？

这是不完整吧！放着自己的亲人不去关心，反而去陌生的地方找寻所谓完整的人生，去洗涤心灵，这简直是一件最愚蠢的事情！

那些惹人讨厌的人

1

很大一部分文青都有强烈的精神洁癖，其程度与处女座旗鼓相当。

这也不难理解，因为文青常常呐喊："这个世界不符合我的理想。"所以基本上所有的文青都会小心翼翼地守护着自己的精神世界不受外界的侵犯，并且一再跟别人强调："我不要成为令自己讨厌的人。"

那么文艺青年讨厌什么样的人呢？

这个我略有感触，以前上中学的时候，学校明令禁止学生抽烟，而且经常对男厕所和男生宿舍进行突击检查，但是烟草这东西抽多了会上瘾的，加上很多学生无所事事，再加上青春期逆反心理比较重，所以学校越是禁止，学生越是抽。下课了就往厕所跑，怕老师突击检查，就两个人组团去，一个在里面抽一个在厕所门口望风。

我记得有一次有两个人在宿舍抽烟，但是他们其他人去打小报告，就把烟送到那些不吸的人的嘴边，让他们象征性地吸一口，这样就没人会举报他们了。

那个人最后一个把烟递到我嘴边，我摇摇头摆了摆手拒绝了。

那人也没说什么，但我知道，如果他们被举报了，一定会以为是我干的。

但其实，我从来没想过举报他们，我只是不想和他们一样，哪怕是假装，我也不愿意。

我相信文艺青年们应该都懂这一点吧！

怎么说呢？

有种世界与我无关的感觉，别人爱干吗干吗，只要你不给我造成麻烦我就可以视而不见。当时应该就是这样一种想法。

那个时候，我把抽烟喝酒打牌这些事情通通归类为不好的事情，并且从心底把自己与那些抽烟喝酒打牌的人清清楚楚地区分开。

这其实就是所谓的“消极自由”，我并不想改变别人，更不想改变世界。但是，我也会尽我所能地保护自己的内心世界不受外界的干扰。通俗地说，就是当个人处于非强制或不受限制的状态时，个人就是自由的。

所以，那个时候我非常害怕一些会上瘾的东西，因为“瘾”是很难靠自己的精神意志控制住的。很多事情一旦上瘾，我们除了继续下去之外，几乎没有其他选择。

所以喝酒还好，想喝就喝，不想喝就算了，可是吸烟和打牌不一样，这当时在我心里是极其妖魔化的两种东西。

烟，吸多了会上瘾，不吸就会觉得浑身不舒服，好像生活中少了点什么。这个东西成瘾是比较可怕的，一包烟放在那里，总是不自觉地伸手去拿，等到发现的时候，完了，烟盒已经空了。

再说打牌，我牌品不怎么好，牌运更是不佳，又不懂得察言观色运筹帷幄，所以只要一打牌，基本上总是我输，而且我经常会输红眼，就是那种觉得自己下次一定会翻本的急眼，会一直拉着大家打下去，结果越打越输，越输越输不起。

所以，为了维护自己的精神世界不受干扰，很多事情我压根就不接受。

因为我不要成为令自己讨厌的人。

2

这种状况随着年龄的增长发生了一些改变，甚至可以说是面目全非。

大学的时候，我一个人坐了两天两夜的火车去外地念书，去了之后真的是人生地不熟，连个厕所在哪里都找不到。

还好其他省内的本地同学知道我离家远，所以都比较照顾我，刚开始的时候我做什么事他们不放心，基本上都会跟着我去。

时间久了，我心里过意不去，请他们吃饭他们也不肯，后来只好买了烟回到宿舍里去散给大家，然后为了表现出不是刻意买烟给他们，自己只好也跟着吸。

后来慢慢地发现，原来什么吸烟啊，喝酒啊，打牌啊并不是一个人在变坏的表现，它们只是社交的一种手段而已，有时候甚至只是一种单纯的发泄途径。并非我想象中那样，做了就会变坏，精神世界就会被侵犯，这些事情和我的精神世界完全没有关系。

放假在家的时候看过一部律政剧，男主人公说：“人啊，难受都是因为不自由，觉得不自由是因为自己欲望膨胀。就好比你在一个笼子里，我说的这个你啊，就是你的‘我执’，就是以我为立场的自我欲望。自我的欲望越膨胀，笼子就勒得越紧。自我就分外的难受，即使你把欲望胀得特别特别强，把这层笼子给胀破了，还有更坚固的笼子等着你。有一种让自己自由的办法，就是把欲望放下，把我执缩小，缩到自己比这个缝隙还小，你就可以从笼子的缝隙里走出去了。”

文青们看到这里，可能要开始反驳了，因为这段话看起来和文青们固执的精神世界没有一点关系。

但是事实上不是这样的，因为凡事都具有两面性，虽然相对，但很多时候都殊途同归。

文青们为了维护自己的精神世界，对外界的很多事情都不能接受，始终处于拒绝的状态，说白了就是“不要”。

而很多人都是“想要”的，而且想要的人会比较容易，比如一块蛋糕放在桌子上，想要的人直接拿起来吃掉就可以了，而不想要的人却从始至终都要抵挡住这块蛋糕的诱惑，也就是说，只要你不吃蛋糕，诱惑就永远存在。

所以，这样看起来，对于持拒绝态度的人来说，随着认知的成熟和新事物的增加，身边的诱惑会变得越来越多，越来越难以抵挡。

这就相当于你本来想把自己的“我执”缩小，但是事实上你的“我执”是在放大，你拒绝得越多，要对抗的诱惑就越多，这样一来就是把自己的“我执”朝对立面无限放大。

可是，对于那些抵挡不住诱惑的人来说，他只要尝试过了，诱惑就会消失，相反他们的“我执”也会变小，这样一来，总有一天他可以从笼子里走出去。

反而是维护自己精神世界，努力不让自己变成惹人讨厌的人的文艺青年们，被困在里面永远也没办法出来。

以前看宁浩导演的《心花路放》时，我觉得导演过于商业化，反而失去了自己的精髓，有点欺骗大众的感觉。

后来我同学问我：“你觉得这部电影值不值这个票价？”

我想了想，说：“值！”

我同学又问：“你看完这部电影有没有什么感想？”

我想了想，说：“有！”

然后我同学总结道：“这就够了，导演的想法是要通过现实世界来表达的，一部电影拍了那么久，花了那么多钱，人家也是要回本的，而且又不能让大家看不懂，我觉得这样已经很好了，一味地追求格调，追求形而上学的艺术就真的那么好吗？”

其实，就是这个道理，我们的精神世界和现实世界息息相关，我们是没办法拒绝整个世界的，所以不如放下身段，取其精华去其糟粕地来挑选出一些适合自己的东西。

其实，这些东西和你的精神世界无关，你依然自由，而且诱惑会减少，走出我执的笼子指日可待！

从前一味地拒绝，只是因为你还是文艺小屁孩儿。

后 记

先有生活，才能文艺

这本写了很久，久到我需要想一下才能知道是什么时候开始动笔的。

故事的文笔很犀利，也许有些文艺青年看了会受伤，有些文艺青年可能会破口大骂，骂我是王八蛋，凭什么这样诋毁文艺青年？

怎么说呢，当你面对一些整天做白日梦的人，苦口婆心是没有用的，你唯一能做的就是大声把他吵醒，激怒他，让他看到另外一个自己。

其实我也是文艺青年，文章中提到的那些事情我通通都做过，并且一度深深地对此执迷。

直到现在，其中有些事情依然令我神往不已。但是我已经不能再去做了，很简单，我没时间。

当你需要养活你自己，或者养家糊口的时候，很多事情就已经不能再做了。

因为当你养活自己的时候你才会发现，其实哪怕仅仅是满足你自己的各方面需求都很难。

首先，你不肯降低自己原有的生活品质吧！看看你父母养你的时候多艰难，就完全可以预见到你自己养自己要付出多少时间，要花多少精力。

一个人只花钱，钱就是流水，只有当他开始赚钱的时候，钱才是“钱”，他才会把钱当钱用。

如果这个时候你赚得不多，或许是恰好刚刚够养活自己的，你还会任性地去做那些不着边际的事情吗？

不知道别人肯不肯，但我自己是万万不肯的。以前读书时，做专职文艺青年，觉得怎么样都无所谓，觉得去哪都行，是因为父母会按月把生活费打到我卡上。

后来毕业上班了，在公司里做业务，没单的时候愁，因为时间一长就得滚蛋；有单子的时候也愁，客户会提出各种奇葩要求，要求这要求那，烦都烦死了。

好不容易等到周末放了一天假，只想好好地在家里睡个懒觉，有的时候还被客户骚扰得一整天心神不宁，别说出去玩，能有心思有时间在周围的麦田间散散步就是最大的享受了。

那个时候也没钱，不知道以后在哪里，整个人都活得非常亢奋，工作之余还跑去参加各种考试，还得挤时间给杂志写稿子，简直是忙得不可开交。

完全没有时间去做一个文艺青年想做的、该做的事情。

但也就那样过下来了，那算是我人生中第一段算得上“艰辛”的日子，脑子里整天都在“算账”，算身上的钱还能用几天，算几月份发工资才能把债还清，算到年底能拿多少提成。

那个时候我生活水平也很低，住在一百五十块一个月的出租屋，为了能让身上仅剩的三十块撑过一个星期，天天下班都吃泡面。

有的时候自己想想都觉得很辛酸，很难过，怎么一毕业就把生活过成了这副德行。

可是也真的没有其他办法，只能每天都努力一点点，希望明天比今天好一点，下个月比这个月好一点，明年比今年好一点。

到那个时候我才清楚地知道，原来一个人想要过上自己理想中的生活，要付出的努力几乎是呈几何级数倍增的趋势的。

当然，也很感谢那个时候的自己能够坚持至今，我不知道自己能坚持多久，但直到此时此刻，我还没想过要放弃。

可是我的生活过得也并不容易，但与其去过那种一成不变的生活，过上三五十年，我情愿在我年轻的时候艰难一点，难过一点。

人生没有重来的机会，所以我们要越来越成熟，越来越理智，这样才能走好以后的路。

所以我们首先要明确一个目标，就是这篇后记的题目——先有生活，才能文艺。

顺序不可颠倒，否则人生会鸡飞狗跳！